全国示范性高职高专院校建设重点专业《烹饪工艺与营养》规划教材
上海市教育委员会"085"项目建设精品课程

冷盘与雕刻
制作技艺

李　聪　主编
金守郡　主审

上海交通大学出版社
SHANGHAI JIAO TONG UNIVERSITY PRESS

内容提要

本书是教育部旅游烹饪专业示范实训教材之一。以烹饪专业基础课程之一"冷盘与雕刻"特有的应用性操作技术的工艺、流程为主导,全书分为三篇:第一篇冷菜制作;第二篇食品雕刻;第三篇盘饰制造。书中内容图文结合详细诠释宴席中冷盘、雕刻、盘饰的制作技艺以及制作过程中的要点、难点,是当前高职高专烹饪专业必修课之一。

本书也可作为餐饮行业有关人员的培训教材。

图书在版编目(CIP)数据

冷盘与雕刻制作技艺 /李聪编著. — 上海 :上海交通大学出版社,2014(2016重印)
ISBN 978-7-313-10980-4

Ⅰ. 冷... Ⅱ. 李... Ⅲ. ①凉菜—制作—高等职业教育—教材 ②食品—装饰雕塑—高等职业教育—教材
Ⅳ. TS972.114

中国版本图书馆 CIP 数据核字(2014)第 052920 号

冷盘与雕刻制作技艺

编　　著:李　聪
出版发行:上海交通大学出版社　　　　　　　　　地　　址:上海市番禺路 951 号
邮政编码:200030　　　　　　　　　　　　　　　电　　话:021-64071208
出 版 人:韩建民
印　　制:上海锦佳印刷有限公司　　　　　　　　经　　销:全国新华书店
开　　本:787mm×1092mm　1/16　　　　　　　印　　张:12.75
字　　数:299 千字
版　　次:2014 年 7 月第 1 版　　　　　　　　　印　　次:**2016 年 7 月第 2 次印刷**
书　　号:ISBN 978-7-313-10980-4/TS
定　　价:48.00 元

编　委　会

总　序

　　遵循高等职业教育规律与人才市场需求规律相结合的原则,不断开发、丰富教育教学资源,优化人才培养过程,构建和实施符合高职教育规律的专业核心课程一体化教学模式。立足烹饪职业岗位要求,把现实职业领域的行为规范、专业技术、管理能力作为教学的核心,把典型职业工作项目作为课程载体,面向岗位需求组成实景、实境演练的实践课程教学模块,进而有机地构成与职业岗位实际业务密切对接的专业核心课程体系。

　　《烹饪工艺与营养》专业系列教材建设是我校建设全国示范性院校教学改革和重点专业建设的成果。在坚持工学结合、理实一体人才培养模式和教学模式的基础上,对专业课程体系进行了重构,形成了专业核心课程一体化教学模式和课程体系,即以认识规律为指导,以校企深度合作为基础、以实际工作项目为载体,以项目任务形式将企业工作项目纳入人才培养目标形成核心课程一体化课程体系,形成阶段性能力培养与鉴定的教学过程。

　　基于这样的改革思路,整合中式烹饪、西式烹饪、中西面点、餐饮管理与服务专业核心课程,融合《餐饮原料采购与管理实训教程》、《营养配餐实训教程》、《中式烹调基本功训练实训教程》、《中国名菜制作技艺实训教程》、《中式面点制作技艺实训教程》、《菜肴创新制作实训教程》、《西式菜肴制作技艺实训教程》、《西式面点制作技艺实训教程》、《西餐名菜制作技艺实训教程》、《厨房组织与运行管理实务》等专业核心课程的教学内容,通过对各专业职业工作过程和典型工作任务分析,选定教学各阶段工学项目模块课程,进而转化成为单元模块课程,构成基于工作过程导向的情境教学工学结合模块式课程体系,并根据各学习领域课程之间的内在联系,合理划分各教学阶段的模块课程。

　　《烹饪工艺与营养》专业系列教材的建成,有效地解决了原有传统教学实践中教学目标不清晰、教学内容重复、创新能力培养不够、综合技术能力差的弊端,发挥学生能动性,培养学生创新能力,理论知识融汇到实践实战中,让学生体会到"做中学、学中做、做学一体"乐趣。

上海旅游高等专科学校
烹饪与餐饮管理系
2012年5月

前　言

随着我国改革开放的逐步深入，服务经济在我国国民经济中的比重逐渐增大，其重要性日益凸现，大力发展服务业已成为世界经济发展的必然趋势。旅游业是现代服务业中的一个重要组成部分，而餐饮服务是旅游六大要素中的重要一环。为了提高餐饮服务质量，就必须加强对高素质餐饮服务人才的培养，这就为高等职业教育烹饪专业的发展带来了新的契机。为了适应餐饮行业发展的培养新型餐饮服务与管理人才的需要，并配合人力资源与社会保障部《技能人才职业导向式培训模式标准》的研究，结合旅游高职高专人才培养目标的要求，我们组织编写了高职餐饮技能系列教材。本书为《冷盘与雕刻制作技艺》是该系列教材之一。

《冷盘与雕刻制作技艺》是"烹饪工艺与营养专业"的专业技术必修课之一，是一门实践性很强的课程，也是一门培养学生专业技术和创新能力的课程。本教材是上海旅游专科学校重点建设专业配套教材之一，是遵循工学结合原则，突出基于就业岗位工作过程的任务和能力为教学内容，实施学习领域模块化、模块化课程项目化教学的创新教材。本教材的内容有：冷菜概述；冷菜烹调制作方法；冷菜拼装和制作实例；食品雕刻概述；食品雕刻制作实例；盘饰概述；盘饰制作实例。

本教材的特点是：突出技能，强调适用，直观形象，通俗易懂；内容精炼，重在实用；立体化教材，编写方式多样；紧扣教学改革需要，统计内容大胆取舍。因此，本教材既适用于高职烹饪专业大专两年制的教学需要，也可作为餐饮行业培训在职人员的教材。本教材强调在做大学，以实践教学为主，结合冷菜等食品的制作工艺，将操作技巧与基础知识相结合，使学生能最大限度地掌握实践操作技能，并举一反三有所创新。

本教材由上海旅游高等专科学校李聪主编，华东师范大学金守郡教授对全书内容作了最后的审定与补充。在编写过程中，得到了上海交通大学出版社倪华编辑的支持，并参考和借鉴了大量冷菜、雕刻、盘饰等制作的案例以及国内许多饮食文化专家学者们的相关著作和研究成果。在此，表示衷心的感谢。

由于时间仓促，水平有限，书中疏漏之处在所难免，恳请读者和专家批评和指正。

编　者

2014 年 2 月

目　录

第一篇　冷菜制作

第二篇　食品雕刻

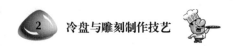

第三篇　盘饰制作

第一篇
冷菜制作

第一章　冷菜概述

冷菜是将食品原料经过多种加工整理后调味冷吃或烹调后冷吃的菜品。我国的南方称其为冷盘或冷碟；北方谓之凉菜、凉盘或冷荤等。比较起来，似乎南方习惯于称冷，而北方则习惯于称凉。如果不从文字角度来理解，而出于习惯或作为人们的生活用语，它们之间并没有什么区别，都是指与热菜相对而言的。本章主要阐述中国冷菜的形成和发展，冷菜的特点以及冷菜与热菜的异同，以使学员对冷菜有一个概括的了解。

第一节　中国冷菜的形成与发展

在我国历史上，饮食生活可以说是整个社会的等级文化现象，肴馔的优胜丰富也是富贵阶级经济实力和政治权利的直接表现。因此，只有通过上层社会的餐桌，才能理清中国冷盘形成与发展的轨迹。

上层社会，尤其是君王贵族的宴享，既隆重频繁又冗长繁琐。宴享之中，杯觥交错，乐嬉杂陈。为适应这种长时间进行的饮食活动需要，在爆、炸、煎、炒等快速致熟烹调方法产生之前，古代人无疑是以冷菜为主要菜品的。由于文字记载远远落后于生活实际的早期历史特点，也由于今天很难再见到历史菜品实物的原因，我们不太了解商代或更早的夏代的情况，但丰富的文字史料可以让我们比较清楚地了解到周代肴馔的基本面貌。

《周礼》一书中便有天子常规饮食例以冷食为主的记载："凡王之稍事，设荐脯"（《周礼·天官·膳夫》）。郑玄注："稍事，为非日中大举时而间食，谓之稍事。……稍事，有小事而饮酒。"贾公彦疏："又脯者，是饮酒肴羞，非是食馔。"这表明早在西周时代人们（见图 1-1）便已清楚地认识到冷荤宜于宴饮的特点，并形成了一定的食规。

《礼记》一书的《内则》篇详细地记述了一些珍贵的养老肴馔，即淳煎、淳母、炮豚、捣珍、渍、熬、肝等。这就是古今传闻的著名"周代八珍"。这些肴馔既反映了周代上层社会美食的一般风貌，也反映了当时肴馔制作的一般水准。但更重要的是，我们从中似乎也可以找出一些冷盘的雏形。

图 1-1

淳熬、淳母，是分别用稻、粟制作的米饭，上面都覆盖上一些肉酱。一般说来，酱则是冷食的，而且既是食之常肴，也是常用的调味品。无论是居常饮食，还是等级宴享，都是不同品类的酱，又泛称为，陈列于案几之上，《周礼·天官·膳夫》有"凡王之馈食……酱用百有二十"之记载，便是有力的证明。酱是食之常肴和基本调味品，并且因所选用原料的不同而

图 1-2

有许多品类，这已为史料所证实。虽然对"凡王之馈食……酱用百二十"的详情无人能述，但值得注意的一点是，绝大部分是植物性原料的制做，可能并没有热加工工序。而有些动物性原料也存在不经热加工工艺的可能，而酱主要作冷食之肴则是无可怀疑的。

炮豚（见图 1-2）、炮牂、擣珍等热食溢香肥美，冷食亦别有韵致风味。这种烧烤后又长时间（三日三夜）蒸制，再"调之以"佐料的乳猪和大块羊肉，自然较为适合长时间进行宴饮的菜品。虽然我们还不能说它们就是当时热制冷吃的冷盘菜品，但可以说当时已具备了冷荤菜肴干香、鲜嫩或软韧、无汤、不腻的特点。而很可能就是兼有其功的热、冷食合一型的菜品。

擣珍，是选用牛、羊、鹿等动物性原料，先加工成熟，再经去膜、骨等加工工序而制成，食用时亦调以。可见这种擣珍一类的菜品无疑是明确地用于冷食。

由此可见，中国冷盘萌芽于周代，并经历了冷盘和热菜兼有和兼承的漫长历史。可以说，先秦时代，冷盘还没有完全从热菜系列中独立出来，尚未成为一种特定的菜品类型。

唐宋时代（见图 1-3），冷盘的雏形已经形成，并在此基础上也有了很大的发展。这一时期，冷盘也逐步从肴馔系列中独立出来，并成为酒宴上的特色佳肴。唐朝的《烧尾筵》食单中，就有五种肉类拼制成"五生盘"的记述，宋代陶谷的《清异录》中记述更为详尽："比丘尼梵正，庖制精巧，用炸、脍、脯、腌、酱、瓜、蔬、黄、赤杂色，斗成景物，若坐及二十人，则人装一景，合成辋川图小样。"这是一种大型风景冷拼盘，梵正可算得上是中国古代花色菜的大师了。这段记载足证当时技艺非凡的梵正女厨师，采用腌鱼、烧肉、肉丝、肉干、肉酱、豆酱、瓜类等富有特色的冷盘材料。设计并拼摆出了二十处独立成景的小冷盘，创造性地将它们组合成兼有山水、花草、庭园、馆舍的"辋川别墅式"的大型风景冷盘图案，发展了我国的冷盘工艺技术。这也充分反映了在唐、宋时期，我国的冷盘工艺技术已达到了相当高的水平。

明清时代，冷盘技艺日臻完善，制作冷盘的材料及工艺方法也不断创新。这一时期，很多工艺

图 1-3

方法已成为专门制作冷盘材料而独立出来,如糟法、醉法、酱法、风法、卤法、拌法、腌法等。并且,用于制作冷盘菜品的原料有了很大的扩展。植物类有茄子、生姜、冬瓜、茭白、白菜、蒜苗、绿豆芽、笋子、豆等;动物类有猪肉、猪蹄、猪肚、猪腰、猪舌、羊肉、羊肚、牛肉、牛舌、鸡肉、青鱼、螃蟹、虾子等,以及一些海产鱼类和奇珍异味,如海蛰、乌贼、比目鱼、蚝肉、发菜、象鼻、江珧柱等,都是这一时期用于制作冷盘菜品的常用原料。这充分说明了在明清时期,我国的冷盘工艺技术已达到了非常高超的水平。

随着历史的沿革,我国冷盘技艺也在不断提高和发展(见图1-4)。冷盘逐渐由热菜之中独立出来,成为一种独具风味特色的菜品系列:由贵族宴饮中独嗜到平民百姓共享;由品种单调贫乏到品种丰富繁多;由工艺技术简单粗糙到工艺技术精湛细腻。尤其是近半个世纪以来,我国的冷盘工艺技术更是突飞猛进。烹饪工作者在挖掘、继承我国传统烹饪工艺技术的基础上推陈出新,使冷盘成为我国烹饪艺坛中的一朵鲜艳的奇葩。

图 1-4

目前,无论是在宾馆、饭店、酒楼,或是小食店、大排档的菜点销量中,冷菜都占有相当大的比重。我们相信,随着烹饪文化的不断发展和人民生活水平的不断提高,冷盘菜地位和作用将会更加显著。

第二节　冷菜的特点

一、容易保存,滋味稳定

由于冷菜容易保存且没有热气,可以作为橱窗陈列的理想菜品(见图1-5),精美的冷菜能反映企业的经营面貌和展示厨师的技术水平。冷盘是将可食用原料通过各种技术手法,制作成冷菜,再将其运用各种摆拼技法而形成多形、多彩、多味的冷盘。冷菜是在常温下食用的一种菜品,因而其风味不像热菜那样易受温度的影响。它能承受较低的冷却温度,从这一点而言,在一定的时间范围内,冷菜能较长时间地保持其风味特色。冷菜的这一性质与特点,恰恰符合了宴饮缓慢节奏的需要。

图 1-5

冷菜冷食,短时间内(2~3小时)不受温度所限,不会影响菜品滋味。这就适应了酒席上宾客边吃边饮互相交谈的习惯,是理想的佐酒佳肴。我国食品卫生要求冷菜应保存在5度以下干净卫生的环境中,食品改刀或装盘后应在3小时内食用。冷菜如长时间暴露在室温中可能会产生细菌的滋生和繁殖。因此,要求冷菜间温度应该控制在25℃以内。

二、首先入席

冷菜常以第一道菜入席,讲究装盘工艺,形、色对整桌菜肴的起着先导作用。无论是在正规的宴席上还是在家庭便宴中,总是与客人首先"见面"的首道菜式,素有"脸面"之称。因此冷盘也常被人们称为"迎宾菜"或称"看菜",可谓宴席的序曲。所以,冷盘的美丑程度直接影响着人们的赴宴情绪,关系着整个宴席程序进展的质量效果。良好的开端等于成功了一半,如果这"迎宾"能让赴宴者在视觉上、味觉上和心理上都感到愉悦,获得美的享受,顿时会气氛活跃,宾主兴致勃发,这会促进宾主之间感情交流及宴会高潮的形成,为整个宴会奠定良好的基础;反之,低劣的冷盘,则会令赴宴者兴味索然。

冷菜自成一格,可以独立成席,如冷餐会、鸡尾酒会等。冷菜在冷餐酒会中的地位和作用非常重要。宴席一般由冷菜、热菜、点心、水果等组合而成,冷盘即使在某些方面小有失误,通过其他菜式还能得到一定程度的"弥补"和"纠正"。但在冷餐酒会中,冷菜贯穿宴饮的始终,并一直处于"主角"地位。如果冷盘在色彩、造型、拼摆、口味或质感等任何一个方面的一点小小的"失误",其他菜式都无法出场"补台",并且这始终都在影响着赴宴者的情绪及整个宴会的气氛。由此可见,冷菜在不同宴会中的地位和作用都是非常重要的。

三、风味独特,便于携带

冷菜一般无汁无腻便于携带,可作馈赠亲友的礼品,在旅途中食用,不需加热。在促进旅游事业的发展,以及在繁荣经济、活跃市场、丰富人们的生活方面也有不可估量的影响和作用。冷菜具有味道丰富,地方特色明显、方便携带等特点。所以,作为旅游食品,深受广大旅游者的喜爱。原先只为地方特色的冷菜食品也随着食品工业的发展,都以真空包装的形式成为旅游纪念品,为繁荣旅游市场作出了贡献,如镇江肴肉、枫泾丁蹄、灯影牛肉、南京板鸭等。

四、提前备货,大量制作

由于不像热菜那样随炒随吃,冷菜需要提前备货,若开展大型宴会或自助餐会等则需要大量制作,这样能缓解热菜烹调方面的紧张。通常在宴席中,客人开席后都希望能够马上有菜可吃,如果没有冷菜的话,热菜加工需要一定的时间,容易让客人产生焦虑等待的情绪。所以在宴席中有冷菜的铺垫能为热菜加工增加一个时间上的缓冲(见图1-6)。

冷菜加工的烹调方法基本都适应大量制作,便于备料,都以先加工后分装的模式操作,为厨师对整个宴席的准备工作减轻了负担。

图 1-6

第三节　热菜与冷菜的异同

一、烹饪方式不同

热菜与冷菜相比,在制作上除了原料初加工基本一致外,明显的区别是:热菜是先刀功,后烹调;而冷菜则一般是先烹调,后刀功。

冷菜成品大多都是在冷却后再改刀装盘,冷菜比热菜更便于造型,更富有美化装饰效果,尤其利于刀功的表现。当两种或更多品种的冷盘材料拼合于一盘时,基本不受其卤汁相浸的串味制约。

热菜一般是利用原料的自然形态或原料的切割及加工烹制等手段来构成菜肴的形态;冷菜则以丝、条、片、块等为基本单位来组成菜肴的形状,并有单盘、拼盘、什锦拼盘以及工艺性较高的花式冷盘等。

热菜调味一般都能及时见效,并多利用勾芡以使汤菜合一,调料分布均匀;冷菜调味强调入味,或是以附加食用调味品。

热菜必须通过加热才能使原料成为菜品,冷菜有些品种不需要加热就能成为菜品。

热菜是利用原料加热以散发热气使人嗅到香味;冷菜一般讲究香味透入肌里,食之越嚼越香,素有"热菜气香,冷菜骨香"之说。

冷盘一般是多样菜品同时上桌,与热菜相比更具有配系的多样统一性。一组冷盘是一个整体,其间的相互配合更为紧密和明显。

冷盘材料经切配拼摆装盘后,即可供客人直接食用。因此,冷盘比热菜更易被污染,故而需要更为严格的卫生环境、设备与卫生规范化操作。

二、品种特点不同

冷菜与热菜一样,其品种既有常年可见的,也有分四季时令的。冷菜的季节习性以"春腊、夏拌、秋糟、冬冻"为典型代表。这是因为冬季腌制的腊味,需经一段"着味"过程,到了开春时

图 1-7

食用,始觉味美;夏季瓜果蔬菜比较丰盛,为凉拌菜提供了广泛的原料;秋季的糟货是增进食欲的理想佳肴;冬季气候寒冷有利于羊羔、冻蹄等原料的烹制冻结(见图 1-7)。可见冷菜的季节性是随着客观规律变化而形成。现在也有反季节供应,冬令品种放在夏季食用也颇受消费者欢迎。

三、风味、质感不同

冷菜以香气浓郁、清凉爽口、少汤少汁、鲜醇不腻为主要特色,具体可分为两大类:一是以鲜香、脆嫩、爽口为特点;二是以醇香、酥烂、味厚为特点。前一类的制法以拌、炝、腌为代表,后一类的制法则以卤、酱、烧等为代表,它们各有不同的风格。

综上所述,热菜与冷菜的共同点是原料加工基本一致;而区别在于烹饪方式、品种特点和风味、质感的不同。由于冷盘比热菜更易被污染,因此,在制作冷盘中,要特点注意,严格的卫生环境、设备与卫生规范化操作。

第二章　冷菜烹调制作方法

冷菜的烹调制作方法有拌、炝、煮、烧、卤、腊、腌、泡、醉、冻等。某些冷菜加工成熟的意义不完全等同于热菜加热成熟。其既包含了通过加热调味的手段将原料加工成熟，也包含着直接调味腌制等方法将原料制"熟"，而不通过传统加热的方式。从这个意义上来讲，冷菜的许多制熟方法是热菜烹调方法的延伸、变革以及综合的运用。

冷菜的制作，从色、香、味、形、质等诸多方面，较之热菜有所不同。冷菜的制作具有其独立的特点，与热菜的制作有明显的差异。只有熟悉并掌握冷菜制作的常用方法才能制作出符合冷菜工艺要求的菜品。本章主要介绍冷菜的烹调制作方法，以便学员能掌握这方面的实践技能。

第一节　拌炝类

拌和炝两种烹调技法，有很多相似之处。例如，原料都要经改刀，切成丝、片、条、块等较小的料；都要经过一定初步加工处理，都用调味料拌匀食用等。所以，有些地区的拌、炝不分，视为一种技法。实际上，这两种技法还是有一定的区别。从原料上看，两者都用熟料、易熟料及可生食的蔬果；但从熟料制法上看，拌以水焯、煮烫为主，炝除焯水外，还较多地使用滑油的方法；在荤素原料选择上，拌菜则以植物性原料为主，炝菜以动物性原料为主；从调料上看，拌主要用香油（或麻酱）、酱油、醋、糖、盐、味精、姜末、葱花等；炝则多用

图 2-1

花椒油或辣椒油加调料拌（也有用盐、味精、香油的）。所以，这两种技法在鲜香、脆嫩、爽口相同的特点下又有不同的风味特色（见图 2-1）。

一、拌

拌，是把生的原料或晾凉的熟原料，经切制成小型的丁、丝、条、片等形状后，加入各种调味品，然后调拌均匀的做法。拌制菜肴具有清、爽、鲜、脆的特点。拌制菜肴的方法很多，一般可分为生拌、熟拌、生熟混拌等。

（一）生拌（见图 2-2）

生拌的主料多用蔬菜和生料经过洗净、消毒（有的用盐爆腌一下）、切制后，直接加调味品，

图 2-2

调拌均匀。如拌西红柿、拌黄瓜、拌海蜇皮等。

（二）熟拌（见图 2-3）

熟拌是原料经过水焯、煮烫成熟后晾凉，改刀后加入各种调味品调拌均匀。如拌肚丝、拌三鲜、拌腰片等。

（三）生熟混拌（见图 2-4）

生熟混拌是将生、熟原料分别切制成各种形状，然后按原料性质和色泽排放在盘中，食用时浇上调味品拌匀。熟料如蒜泥白肉等；生料主要是一些可直接生食的原料，如黄瓜、香菜等。

图 2-3

图 2-4

二、炝

炝的方法是先把原料切成丝、片、块、条等，用沸水稍烫一下，或用油稍滑一下，然后滤去水分或油分，加入以花椒油、辣椒油为主味的调味品，拌和。选料一般以动物性为主，并且是经过加工后的小型易熟入味的原料，植物性原料的使用相对较少。炝一般分为焯炝、滑炝两种。炝制菜品在预熟时一般都未经过调味，因此要求料形是相对较小，便于成熟和入味，通常以片、丝等形状居多。为了使炝制菜品具有浓郁的味道，在调味过程中以有一定刺激性味道的调味品为主，如花椒、辣椒、胡椒粉、蒜泥等，并且经过调味后应当摆放一段时间，以便其充分入味。炝制菜肴以鲜醇入味、清爽适口的特点而备受人们的青睐。炝制菜品尤其适用于夏季。

（一）焯炝（见图 2-5）

焯炝是将主料用沸水氽一下，捞出后在冷水中投凉，再沥干加入调味品和淋上花椒油、蒜泥

图 2-5

等。焯抢的菜品以脆性原料为主。如炝扁豆、炝虎尾等。

（二）滑炝（见图 2-6）

滑炝是原料必须经过上浆处理，放入油锅内滑熟滑透，取出控油，再用热水冲洗掉油分，加调料拌，如炝鸡片、炝腰花等。

图 2-6

图 2-7

（三）生炝（见图 2-7）

在我国有些地区，将鲜活的小型动物性原料，加入一定量的高度白酒杀菌，再辅以适当的调味料炝食，要求选用的食材必须鲜活及水质无污染。但从食品安全的角度而言并不提倡生炝，因白酒不能杀死食材体内的寄生虫。生炝的方法略同于醉，如"腐乳炝虾、炝蟹"等。

三、拌炝菜肴的质量要求

（一）脆嫩清爽

拌炝菜肴的基本要求之一是脆嫩清爽。如制作出来的拌菜与炝菜，又烂又腻，则先失掉了它的风味特点。为了保证脆嫩清爽，在选料和加工处理上需注意以下几点：一是生料拌一定要选用新鲜脆嫩的原料，这是保证质量的前提；二是熟拌料无论采用何种，加热处理都要以保证脆嫩为出发点，如用水焯法，只能在水开后下锅，还要保证水与原料的比例，要水多菜少，在火上或离火迅速挑翻几下，使其受热均匀，一见转为翠绿断掉生味立即出锅，投入凉开水或过滤冰水中浸泡，只有这样，焯后才能保证质地脆嫩，色泽鲜艳、清爽利口的要求。

焯烫蔬菜有很多好处：第一，可以去除残留的农药；第二，一些草酸含量高的蔬菜，如菠菜、茭白、空心菜，用开水焯一下可以避免草酸被人体吸收，与钙结合形成肾结石；第三，可以去除一些蔬菜里的辛辣苦涩味；第四，可以杀死附着在蔬菜表面的微生物，不仅吃起来更安全，颜色也好看一些。

从营养的角度来分析，蔬菜经焯烫后，其中的水溶性营养成分易流失，比如对人体有益的维生素 C、维生素 B 族、胡萝卜素等。但如果在沸水中加入 1% 的食盐，蔬菜就处在体内外浓度相对平衡的环境中，其可溶性成分扩散到水中的速度就会减慢。还有一些厨师喜欢在沸水中加入一些小苏打或石粉，会使蔬菜的颜色变得更绿，因为蔬菜的叶绿素存在于叶绿体中，沸水焯过后细胞膜和叶绿体膜破裂造成叶绿素外流使菜就变绿了,加入小苏打后加剧了细胞膜和叶绿体膜的破裂,使其颜色变得更绿,但同时维生素也遭到破坏。此外小苏打也能去除蔬菜表面的农药以及自来水中氯,其实道理很简单,小苏打就是碳酸氢钠,化学式是 $NaHCO_3$,因钠(Na)带正电,放到自来水里面,会跟水中带负电的氯结合变成氯化钠,也就是盐巴,这解决了自来水氯毒的问题;氢(H)带正电与自来水中带负电的水分子结合变成弱碱水(一般大部分的农药都是酸性,因此弱碱水能起中和酸性作用)能加速去除附着在蔬果上的农药。

(二)清香鲜醇

　　拌炝菜肴的另一个重要要求是突出香味,即清香鲜醇。拌菜与炝菜的香,既要散发扑鼻香味,又要有入口后嚼的香味,并且越嚼越香(这是所有冷菜的共同特点),因此要运用各种增加香味的手段。在炝与拌的制法中,一方面拌炝要使用香气浓郁的调料,如在调汁中,要用花椒、辣椒、大料之类的香料,或用姜丝、姜末和醋来增香,以蒜泥、麻酱、芥末等拌和,用花椒油、辣椒油、香油等,使菜肴香味增强;另一方面拌炝的熟料在制作时要重用香料和味厚的调料,使之浸入原料内部,产生内部的香味,从而达到内外俱香,香气四溢。

图 2-8

　　冷菜与热菜不同,热菜是加热成熟后上桌。由于温度的关系,香味的分子容易扩散,弥漫在空气中。而冷菜的香味则通过小料和大料的结合,或用一些油料来散发香味。如拌菜中经常使用到的葱油、蒜油等(见图 2-8)。以葱为例:方法一,做拌菜时要利用葱的翠绿色作为配色又要以葱香增香,那么一方面要能达到爆出葱香的油温,一方面在爆出香味后要马上能够让油温冷却,从而使葱不会变黄,此种做法应让油温达到 120℃。方法二是先将葱炸干,香味直接融入到油中,然后将油中的干葱沥去。此法所做的葱油会更香更浓郁。也可以再用熬香的葱油重复第一种方法,这样制作既保存了葱的翠绿又有浓郁的香味。熬制蒜油方法需同。

　　制作四川的油辣子,则需要较高的油温,油温一般掌握在 150℃,辣椒面和油的比例应是1∶2。制作时油烧热后逐步倒入盛装辣椒面的容器中,搅拌辣椒面让其受热均匀,这样就可使辣椒面在糊化过程中产生香味。也可以在辣椒面中加入花椒碎以增加香味。另外还有一种香辣油的制作,是用豆瓣酱、辣椒、花椒、红寇、白寇、草果、小茴香等香料经小火熬制,香味浓郁、回味幽香。

　　在拌菜和炝菜中也会经常使用麻油、花椒油、辣椒油、芥末油等调料,关键都在于突出菜品的香味。

四、拌炝菜肴操作要点

(一)刀工要精细(见图 2-9)

　　凉拌菜的刀工处理要求整齐美观,如切条要长短大体一致,切片要厚薄均匀。此外,若在原料上刳出不同的花刀那就更好了。如在糖醋小萝卜上刳出蓑衣花刀，这样既能入味，又能令食者望而生津，增进食欲。

（二）注重调色，以料助香

凉拌菜要避免菜色单一，缺乏香气。例如，在黄瓜丝拌海蜇中，加点海米，使绿、黄、红三色相间，甚是好看；小葱拌豆腐一青二白，看上去清淡素雅，如再加入少许香油，便可达到色、香俱佳；在拌白肉中加点蒜末既解腻又生香，使白肉肥而不腻，味感鲜美。

图 2-9

（三）调味要合理（见图 2-10）

各种凉拌菜使用的调味和调出的口味要求各有特色。如糖拌西红柿口味甜酸，只宜用糖调和，而不易加盐；拌凉粉口味宜咸酸清凉，没有必要加糖和味精，只需加少许醋、盐。

（四）生拌冷菜必须保证食的卫生安全（见图 2-11）

因为蔬菜在生长过程中，常常沾有农药等物质，所以应冲洗干净，必要时要用开水或高锰酸钾水溶液冲洗。此外，还可以用醋、蒜等杀菌调料。如系荤料，更应注意排除寄生虫。

新鲜、鲜活的食材不值用国家明令禁止的原料。

图 2-10

图 2-11

第二节 煮烧及汽蒸类

煮烧类冷菜的烹制方法类似于热菜的烧、焖、煮等方法，但在具体的制法和用料上又有其个性特点。常见的煮烧类方法有酱、卤、白煮、酥等。

汽蒸类即利用蒸汽来烹制冷菜。代表品种如广式的清蒸清远鸡、鳗香，西北凉皮，蛋糕、蛋

图 2-12

卷以及某些酿制类冷菜。

一、酱(见图 2-12)

酱是冷荤菜肴中使用最广泛的一种技法。通常以肉类(如猪、牛、羊、鸡、鸭等)作原料,它的制法是将原料先用盐或酱油腌制,放入用酱油、糖、绍酒、香料等调制的酱汤中,用旺火烧开撇去浮沫,再用小火煮熟,然后用微火熬浓汤汁黏附在成品的皮面上。酱与卤相似,所以有些地方酱卤不分,说法不一。酱的实质是指菜品的色泽深似酱色,传统的酱就是将黄酱炒制后加水与调味料制成,或将黄酱加开水熬制后,过滤制成酱汁,再用酱汁加调味料后放入原料煮制。制品特点是:皮嫩肉烂,肥而不腻,香气馥郁,唯美可口。

(一)酱的种类

酱制法分普通酱和特殊酱两大类。

1. 普通酱

普通酱多先配酱汁,酱汁的配料、香料各不相同,多为酱油、冰糖、料酒、香料等,将香料用纱布扎紧,放入水中煮 1 小时左右出香味,再将调料加入继续煮制,即为酱汤汁。

酱好的原料应浸在撇净浮油的酱汤中,保持新鲜,避免表面发硬和干缩变色。酱汤应妥善保存,时间越长香味越大。宜长期保存。反复使用的酱汤称为"老汤",用老汤酱制原料比新调制的酱汤效果好。

2. 特殊酱

特殊酱制法有以下三种:

(1)焖汁酱法。以普通的酱制法为基础,加红曲上色,用糖量增加,成品具有鲜艳的深樱桃红色,有光泽,口味咸中带甜。(见图 2-13)

(2)蜜汁酱法。原料先加盐、料酒、酱油拌和腌制约 2 小时,然后油炸,再下锅加汤、老酱汁及少量盐煮 5 分钟,另备锅下少量汤加糖、五香粉、红曲、糖色,煮至成品可以用筷子扎通即成,出锅后舀少许酱汁浇在成品上。成

图 2-13

品酱褐色,有光泽。酱汁浓稠,口味鲜美而甜中带咸。如烧制酱鸭、酱乳鸽等。

(3)糖醋酱法。用清水、糖、醋熬成酱汁,原料经油炸后倒入酱汁锅中煮熟收汁即可。成品金黄红亮,具有香、鲜、脆、酸、甜等特色,口味深长。

(二)酱制法的操作要点

(1)调制酱汤用的香料、酱油、盐等调味品应一次加足,如待原料快熟时再加则效果差,不

入味。

（2）要掌握好火候，一般旺火烧沸再转小火长时间酱制，使原料熟烂而不糜，味道浓厚。

（3）酱汤一定要没过原料，使原料在酱制时受热均匀，上色均匀。

（4）酱汤烧开后要及时撇沫，保持酱汤清澄度。

（5）制酱汤时要先着色，后找口，即用酱油、糖色、红曲等增色调料，着好色后再用盐调口味。

二、卤（见图2-14）

卤是将经过加工整理或初步熟处理的原料放入调制好的卤汁中，用小火慢慢浸煮卤透，使卤汁滋味慢慢渗入原料里，卤制菜肴具有醇香酥烂的特点。

按卤菜的成菜要求，通常卤的操作过程如下：调制卤汤→投放原料→旺火烧开改小火→成熟后捞出冷却。

图2-14

（一）制作卤汁

制原卤锅一般选用较大的不锈钢桶为宜；制作卤的配方南北各不相同，但在第一次制卤时，要用老母鸡、火腿、猪肘、汤骨等原料吊制高汤，再配以调味品和香料（香料要用洁白的纱布包裹扎紧下锅）。先用旺火烧开，再用小火慢慢地熬制，行语称为"制汤"，到鸡酥肉烂、汤汁浓稠即为原卤。再将煮烂的鸡、肉、香料等捞出即可制作各种菜肴。

（二）制卤配方

在卤汁中用的调味品各不相同，行业中习惯上将汤卤分为两类，即红卤和白卤（亦称清卤）。由于地域的差别，各地方调制卤汤时的用料不尽相同。

大体上常用的调制红卤的原料有：红酱油、红曲米、黄酒、葱、姜、冰糖、白糖、盐、味精、大茴香、小茴香、桂皮、草果、花椒、丁香、甘草、山奈、砂仁、豆蔻等（见图2-16）。由于酱油色泽泛黑，制作菜肴时达不到所需要的色泽，可使用白糖熬制糖色，这样卤出的成品更加红亮鲜艳（炒糖色时，必须用小火慢炒，且糖色应稍嫩一些，否则炒出的糖色有苦味。加入嫩糖色会使卤水有回甜味）。卤水中加了糖色后，应加少许甘草（从药物性能角度看，甘草有调和诸味及提鲜的作用）。因红卤烧制的冷菜有卤兔头、卤鸭子等（见图2-15）。

制作白卤水常用的原料有：盐、味精、葱、姜、料酒、桂皮、大茴香、花椒等加汤熬成，俗称"盐卤水"。用白卤烧制的冷菜有卤水鹅翅、卤水豆腐等。

无论红卤还是白卤，其调制时调味料的用量因地而异，但有一点是共同的，即在投入所需卤制品时，应先将卤汤熬制一定的时间，然后再下料。对

图2-15

图 2-16

于刚刚制好的卤汁,香气还比较淡,待卤得次数多了,卤汁香气会变浓。一般而言,卤汁越陈,香气越浓,鲜味就越大,即成老卤。另外有人爱在卤水中加入干辣椒,那样就变成辣卤了。

(三)老卤的保存

老卤的保存也是卤制菜品成功的一个关键。所谓老卤,就是经过长期使用而积存的汤卤。这种汤卤,由于加工过多种原料,并经过了很长时间的加热或摆放,所以其质量相当高。因原料在加工过程中呈鲜味物质,而一些风味物质溶解于汤中,且越聚越多而形成了复合美味(见图 2-17)。使用这种老卤制作原料,会使原料的营养和风味有所增加,因而对于老卤的保存也就具有了必要性。老卤的保存应当做到以下几个方面:

(1)卤荤料卤得多时要撇油、去沫、过滤、清卤,否则卤汁容易变质。卤水经反复使用后汤汁会变得比较浓稠,虽经过滤,但还需清卤,即用干净的动物血液与清水混合后,徐徐加入到烧沸的卤水中,这便是利用蛋白质的吸附和凝固作用,吸取卤水中的杂质,以使卤水变得清澈,讲究一些的还要用瘦肉茸对卤水进行"清扫"。但需注意,每锅卤水清扫的次数不能过多,以免卤水失去鲜香味。卤水中的浮油要经常打掉,最好使卤水表面只保留薄薄的一层"油面子"。如浮油过多,脂肪氧化会导致卤水酸败变质。

(2)定期添加香料、调味料和吊好的高汤,使老卤不至减少,也使其味道保持浓郁。在使用过程中,要经常检查卤水的色泽、香味、咸度以及汤汁是否充足等,一旦发现某方面有所减少应及时补上,即我们常说的"缺啥补啥"。

(3)使用后的卤水要烧沸,从而相对延长老卤的保存时间,保持卤汁常年不变质,而且原味越来越浓。

(4)取用老卤要用专门的工具,以防老卤因遭受污染而影响保存。取用中不能随便晃

图 2-17

动,不能掺入生水,目的是让老卤处于一个无菌的状态,能使老卤在存放期间不会变质。

(5)选择合适的盛器盛放老卤,桶底还应垫上砖块,以保持底部通风。若是夏天,卤水必须每天烧沸,如果有条件,还可放入冷库中存放。卤水即使长期不用,也应时常从冷库中取出烧沸,冷却后再放入库中。

(四)原料的初步处理

对污秽较重、异味较大的内脏原料(见图 2-18),必须彻底翻洗干净,然后放入冷水锅中加热焯去血水、浮沫和不良气味,加工成半成品,捞出待卤。有的原料还要经过油炸后,再入卤汁

中烧开(这样一来可去除原料的异味,二来可使原料上色),撇清油沫,移小火卤制成熟。如卤制鸡蛋、鸭蛋等,先将蛋煮熟,取出放入冷水过凉,敲碎剥壳,用小刀在蛋上均匀划上间隔相等、深浅一致的纹,投入卤汁锅中,卤至入味即可。对于卤制禽畜内脏及豆制品,一定要调换卤汁,因为这类食物容易把卤汁弄坏,以至变质,故而不在原卤汁锅中卤制,而是在老卤中舀出卤汁,放入另外锅里去卤制,卤后的卤汁也不能放回老卤中,可另作别用。

图 2-18

（五）卤菜火候的掌握

把握好卤制品的成熟度其成熟度要恰到好处。卤制菜品时通常是大批量进行,一桶卤水往往要同时卤制几种原料,或几个同种原料。不同的原料之间的料性差异很大,即使是同种原料,其个体差异也是存在的,这就给操作带来了一定的难度。因此,在操作的过程中,首先要分清原料的质地,质老的置于容器底层,质嫩的置于上层,以便取料;其次要掌握好各种原料的成熟要求,不能过老或过嫩（此之老嫩,非指质地,而是指原料加热时的火候运用程度）;三是要注意:如果一桶原料太多时,为防止原料在加热过程中出现结底、烧焦的现象,可预先在容器底垫上一层竹垫或其他衬垫物料;四是要熟练地掌握和运用火候,根据成品要求,灵活恰当地选用火候（习惯上认为,卤制菜品时,先用大火烧开再用小火慢煮,使卤汁之香味慢慢渗入原料,从而使原料具有良好的香味）。对卤好的成品如暂不食用有些原料可以浸在卤汁中,遇到材料质地稍老的,也可在汤锅离火后仍旧将原料浸在汤里,随用随取,既可以增加和保持酥烂程度,又可以进一步入味,如卤水牛肉,卤水豆腐等。有些原料捞出后,可以在其上涂上香油,一来可增香,二来可防止原料外表因风干而收缩变色。

卤制冷菜选料广泛,其原料的适用范围一般是动物性原料,包括鸡、鸭、鹅及畜类的各种内脏;野味也是常用原料;极少数也有以植物性原料加工的,其料形一般以大块或整形为主,原料则以鲜货为宜。

图 2-19

三、白煮(见图 2-19)

白煮与热菜中的煮基本相同,其区别在于冷菜的白煮大多是大件料,汤汁中不加咸味调料,取料而不用汤。原料冷却后经刀工处理装盘,另跟味碟上席。白煮菜的特点是白嫩鲜香,本味俱在,清淡爽口。

其制作要点是:调味与烹制分开,故操作相对简单,容易掌握,但在煮的时候,仍须掌握火候。因为原料性质、形状各不相同,成菜要求也不同,所以要分别对待。比如有些鲜嫩的原料应沸水下锅,水再沸时即离火焖制,将原

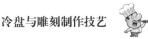
料浸熟;而有的原料形体较大,烧煮时就该用小火长时间地焖煮。一般来说,白煮菜以熟嫩为多,酥嫩较少,故原料断生即可捞出。大锅煮料时,往往是多料合一锅,要随时将已成熟的原料取出。为使原料均匀受热,还要注意不使原料浮出水面。有些原料煮好后也可任其浸在汤汁中,临装盘时才取出改刀。

上海冷菜中较为出名的白斩鸡就是白煮的典型做法、白煮体现的原料的原汁原味,在煮的时间上和烫皮上有严格的要求,不同大小的鸡煮的时间也不同。上海白斩鸡还有一个关键点就是水锅的水与鸡的比例在3∶1以上,出锅后要用冰水中浸泡,迅速冷却,使其表皮收缩,肉中汁水都锁在鸡肉里面,从而使白斩鸡具有皮脆肉嫩的特点。

四、盐水煮(见图2-20)

盐水煮分两种:一是把腌渍过的整块原料放入水中加葱姜香料等煮制成熟,如盐水牛腱子,盐水鸭等;二是将原料刀工成形后放入盐水中焯煮成熟,如盐水虾、盐水花生等。盐水煮与白煮不同点是汤中加盐,而盐与水的比例根据原料的性质而定。盐水煮的特点是成品鲜嫩、咸香清爽。

图 2-20

盐水煮的操作要点是根据原料形状的大小和质地分别掌握火候和不同的出来方法。

(1)经过腌渍的原料,不需要再加入咸味调味品,只要放些葱姜、料酒和香料直接煮熟。

(2)对于腌制体大质老的原料,水焯后再煮制,一般先用大火烧沸,再用小火焖煮。

(3)对于一些形小质嫩或要保持鲜艳色泽的植物性原料,应沸水下锅;对于体大质老的原料可以冷水下锅。

(4)对于质嫩的原料盐不宜放得过早,最好是待原料成熟后再放,防止原料变老。

图 2-21

五、酥(见图2-21)

酥是以糖和醋作为主要调味料,用小火长时间加热的一种烹调方法其成品特点是菜肴骨质酥软,味鲜咸带酸微甜,略有汤汁。酥菜主要特点骨酥肉烂,醇香不腻,色泽枣红,风格别具。这也是热菜烹调法焖烧的变形,以酥鲫鱼和酥海带为代表。

酥的意义是指原料酥烂的程度,其中以原料的骨质酥软为标准。酥所适用的原料范围比较广,如肉、鱼及部分蔬菜都可以制成酥的菜肴。

1. 酥的操作要点

(1)酥分硬酥和软酥两种,硬酥是将原料过油后再放入汁中酥制,如宁波烤菜、酥鲫鱼等,软酥的原料不过油,初步加工好直接制肴,如酥海带、酥排骨等(见图2-22)。

(2)使原料能酥的调料是醋,所以掌握好醋的用量是做好菜的关键。

(3)要用小火长时间加热。另外在烹制时,为防止粘锅应在锅底垫上帘子或铺上葱、骨头之类的原料。

2.酥菜操作要领

（1）酥菜多用动物性原料，其中尤以鱼类最佳，成品入口即化。在动物性原料中，主要选择家畜肉中的肌肉组织或结缔组织；家禽肉中的鸡、鸭、鹅等大多要进行拆卸分肢后使用；水产品中的鱼类等都是酥菜的好原料。在植物性原料中，必须选择耐火性好，韧性强的，如海带等。

（2）酥菜都是大批量制作，火力以微火为主，防止提前干汤，必须煨到一定时间，成品才能质酥。加料及汤水要准，中途不可追加，以免影响其滋味的浓醇。酥菜的焖烧时间一般在两三个小时以上，故汤汁应比一般烧菜要多一些。

图 2-22

质地酥烂的菜肴，焖烧完毕后要待其冷却才起锅，以防破坏菜肴的外形。

（3）酥菜所用调料较其他烹调方法数量大些，特别是糖、酱油、醋等用量更多。

（4）如果用大锅长时间酥鱼，就可以将猪排骨垫在锅底，把菜叶覆在鱼上，这样一来，辅助原料于锅中既可防止焖锅，又能使菜肴增味，同时也可当作一种附属菜肴上桌。

（5）酥菜不可能在烹制过程中经常翻动原料，甚至有的菜从入锅到出锅根本就不变换位置。对策是加锅衬，原料松松地逐层排放（见图 2-23）。

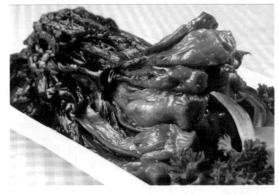

图 2-23

六、汽蒸（见图 2-24）

冷菜的汽蒸法同热菜一样，一般在热菜中使用清蒸法比较多些，还可以根据制作原料的不同分为足气蒸和放气蒸。

足气蒸是将加工好的生料或经过前期热处理的半成品摆盛于盘中，加调味品入蒸锅或蒸箱中蒸制到需要的成熟度，期间要盖严笼盖，不可漏汽。足气蒸通常选用新鲜的动植物原料，进行相应刀工处理，置放饱和蒸气中加热到成熟。足气蒸的加热时间应根据原料的老嫩程度和成品的要求来控制。要求"嫩"，则时间应控制在 8 至 15 分钟，如广式蒸清远鸡就是要求肉嫩汁多；还有一些冷菜如蒸老腊肉、家乡咸肉等则要求"烂"，时间控制在 1.5 小时内。

放气蒸通常是以极嫩的茸泥、蛋类为原

图 2-24

图 2-25

料,原料经加工成卷、茸、泥等后放入笼中蒸制成熟,在此过程中不必盖严笼盖。此种成菜方法,根据原料的性质和菜品的不同要求,要在不同时段放气,通常有三种方法:开始放气;中途放气;即将成熟时放气。蒸制时火一般不能太旺,以防蒸气冲击原料表面,有时还可采取将原料放入密闭的容器中蒸制的办法来保持菜肴外形的完整。制作凉皮、蛋卷类菜品都需要放气蒸,因气过猛会使原料产生气泡和走形(见图 2-25)。

（一）气蒸制作要点

1. 原料的选择及加工
初加工时必须将原料清洗干净,蒸前一般要进行焯水处理。

2. 调味
气蒸类冷菜的味型以咸鲜味为主,常用的调味品有精盐、味精、胡椒粉、姜、葱等,调味以清淡为佳。

（二）气蒸成菜特点

采用气蒸制成的冷菜具有呈原色、质地细嫩软熟的特点。

做冷菜用的凉皮是气蒸类运用最多的一个(见图 2-26)。凉皮的制作工艺,首先将大米与小麦淀粉按比例混合均匀用凉水浸泡,使大米膨胀;其次,在浸泡后的大米与小麦淀粉的混合物中加水磨浆,使大米成为米粉;再次,将磨浆后的大米与小麦淀粉的混合物均匀地置于蒸笼上,蒸 5～8 分钟后取出即可。气蒸制作工艺简单,而且制得的凉皮风味独特,口感好,且冷、热水浸泡均可食用。

图 2-26

第三节　腌制、烧烤及油炸类

一、腌制类

腌制食品是中国古代常用的一种食物烹调和保存方法。利用糖、盐、醋或其他调味料来保存肉类或蔬菜等食物,以延长它们的保用期。经腌制过的食物,经过一定的时间后,会产生一种与原来食物不同的风味。

早在南北朝时期的《齐民要术》一书中就记载了许多不同酱菜的腌制方法,如甜酱、酱油等腌制的酱菜、酒糟腌制的糟菜、糖蜜腌制的甜酱菜等。唐代我国酱菜技术不仅有了很大的发展，而且传到了日本，现今日本著名的奈良酱菜就是源于那时。经过长期的生产实践，到明清时期，我国酱腌菜工艺和品种都有了很大的发展，很多书籍都有详尽记载，其中一些品种和工艺一直流传至今。

腌制类冷菜的制法是将原料浸渍于调味料中，或用调味料涂擦、揉搓、拌和，以排除原料中水分和异味，使原料入味并使有些原料具有特殊的质感和风味的制法。腌制类制品的调味中，盐是最主要的。任何腌菜都少不了盐，因为盐具有渗透压，能"挤"入原料中而使原料的水分排出。其他调味也可以渗入，如糖腌就是利用糖排除原料的水分和苦味，酱油同盐原理相同，但做成的菜品色泽酱红，口味酱香。基本味的渗入就为菜肴的风味打下了基础。同时，经腌制后，有些脆嫩性的植物原料会更加爽脆；而有些动物原料经腌制一定时间脱水之后便会产生一种特有的干香味，质感也因此而变得硬紧耐嚼。

腌制类冷菜制作法根据腌制的方式大致可分为盐腌、糖腌、酸腌、腌风、腌腊、腌拌、泡腌、浸泡等。其中，泡腌又可分为糟、醉、泡三种。

（一）盐腌

将生料或熟料拌上或撒上盐静置一段时间即可直接食用的方法叫盐腌。经盐腌可直接成菜，腌制的时间短则几小时，多则月余，这是腌制作为冷菜制法区别于某些烹调方法的初步加工的不同点。

操作要点：生料盐腌须鲜活，腌制时用盐量大有讲究，盐多太咸，盐少又不能形成盐腌特有的风味；熟料盐腌一般是煮、蒸之后加盐（这种原料在蒸煮时一般以断生为好，不可过于酥烂），腌制的时间要短于生料。腌制原料

图 2-27

放置的盛器一般选用陶器或不锈钢容器，腌制时要盖严盖子，防止污染；如大批量制作，还应在腌制过程中上下翻动一二次，以使咸味均匀地渗入。盐腌的冷菜有呛蟹、咸鸡等。

随着现代人对盐摄入量的控制，一些腌渍的菜品可以在烹制前，先用清水浸泡或者冲洗，这样可以除去较重的咸味，但也会带走一些固有的风味。在如今崇尚清淡饮食、健康饮食的背景下，控制盐度还是很有必要的。

（二）糖腌和酸腌（见图 2-28）

糖腌是以糖为主要调味进行腌制的一种方法。糖腌渍法是用高浓度的糖腌渍食品，常用于水果制成果脯保藏。原料是蔗糖，因它渗透压低，只有用高浓度才可抑制细菌生长，如浓度低于 70% 就不能抑制肉毒杆菌和酵母

图 2-28

菌,果脯腌渍蔗糖浓度是大于70%,如常食用的有各种果脯、蜜饯、果酱、糖桂花等。简单的糖腌法菜品,如糖腌番茄、糖腌黄瓜等。还有和醋结合制菜的,如酸辣白菜。其过程是先将原料用盐腌后去除部分水分,再加入糖和醋或糖醋汁腌制,特点是酸、甜、脆、嫩、清爽不腻。

　　酸腌渍法有两种,一是利用食用酸,如白醋、陈醋等,常用于蔬菜类,一般使用浓度是1.7%～6%,根据食品性质制作要求决定使用浓度。常见的菜品如酸黄瓜、糖醋蒜;另一种是酸发酵腌渍法,是利用发酵微生物在食品中发酵产酸,利用其酸抑制细菌生长。最常用的是乳酸菌,是蔬菜常用腌渍方法,乳酸菌常常是蔬菜本身携带的,主要有泡菜、酸菜。将在下文泡腌中介绍。

图 2-29

(三)腌风(见图2-29)

　　腌风是原料以花椒盐擦摸后,置于阴凉通风处吹干水分,随后蒸或煮制成菜的方法。成菜质地硬香,有咬劲耐咀嚼。其特色的形成依赖于腌和风,而不是蒸和煮。腌风的原料几乎全是动物性的,常见的禽畜类和部分水产品。因为风制时间较久,故风制菜都是在秋冬季节制作。

　　在制腌风菜时应掌握以下要领:

　　(1)原料新鲜。原料不够新鲜的话,往往经不起长时间的风制而变质。为防止细菌的污染,风制的原料一般不经水洗。如果是活杀的,甚至不去毛和鳞,直接掏去内脏用干布擦净血污即可进行腌制。如腌制咸鱼等。

　　(2)擦透。禽类、鱼类如不去毛和鳞的,盐在肚中擦抹,一定要均匀。但同时还必须注意花椒盐的用量,也不可太多,否则会影响成菜的口感。

　　(3)背阳通风。悬吊时千万注意避免日晒雨淋。风的时间又根据原料质地和形体大小而定。一般禽类1个月左右、鱼类半个月左右即可烹制食用。风制的名菜有风鸡、风鳗等。

　　随着工业化生产的进步,一些腌风制品也不局限于季节变化,现在大型冷库可以恒温和模拟冬季的温度及湿度,再通过风扇制作出比室外更加适合制腌风菜的环境,制作出的腌风制品质量更加稳定,且可大批量的生产。

(四)腌腊(见图2-30)

　　腌腊是对动物性原料以花椒盐或亚硝酸盐腌制后再进行烟熏,或是取用腌制后晾干,再进行腌制反复循环的方法。腌腊的原料主要是猪肉。腊与风较相似,但腊的腌制方法与风不同,腌制的方法更长些。

　　腌腊制品的风味,与腌肉中形成的风味物质有关。它主要为羰基化合物、挥发性脂肪酸、游离氨基酸、含硫化合物等物质,当腌肉加热时就会释放出来,形成特有风味。腌制品风

图 2-30

味的产生过程也是腌肉的成熟过程,由于酶的作用,使蛋白质、脂肪分解而形成产品特有的风味。糖和一些调味品也可以促进风味的产生,许多腌肉制品要经过烟熏,使产品产生特有的烟熏味。在一定时间内,腌制品经历的成熟时间愈长,质量愈佳。如金华火腿就要经过一定时间发酵成熟后才会出现浓郁的芳香味。

腌肉经过烟熏后不仅获得特有的烟熏风味,而且保存期延长。过去常以提高产品的防腐性作为熏烟的主要目的,而目前则以提高香味为主要目的了。

烟熏的作用:①使产品的颜色良好;②赋于产品以特殊的香味;③使产品的防腐性提高;④因受热有脂肪外渗,有润色作用。

腊肠也是最为常见的腌腊制品,腊肠俗称香肠,是指以肉类为主要原料,经切、绞成丁,配以辅料,灌入动物肠衣经发酵、成熟干制而成的一类生干肠制品,食用前需要熟加工。

（五）腌拌（见图 2-31）

腌拌是原料先经盐腌制后,再调拌入其他调料一起腌制,也可以将盐与其他调料一起与原料拌和腌制;腌拌成品特点是爽脆入味。其他调料是指糖、醋、味精、辣椒酱（包括辣椒油、干辣椒等）、葱油、麻油等料。它对应的原料,也是脆嫩性的植物原料,如以萝卜丝为主的萝卜丝拌海蜇,以白菜为主的酸辣菜等。

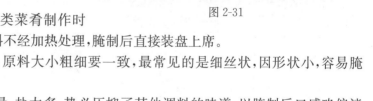

图 2-31

腌拌制作要点:

（1）注意清洁卫生是腌拌类菜肴制作时首先该强调的,因为腌拌的原料不经加热处理,腌制后直接装盘上席。

（2）原料应加工刀工要精,原料大小粗细要一致,最常见的是细丝状,因形状小,容易腌透,腌制的时间也可缩短。

（3）腌制时要注意盐的用量,盐太多,势必压抑了其他调料的味道,以腌制后口感略偏淡一些为好。有些带苦味的原料应挤去苦水,或用清水漂洗干净,随后再放入其他调料拌和、腌制。腌渍时间一般都不可太久,以 1～2 小时为宜,加入其他调料后再腌 1 小时左右。

（六）泡腌

将原料浸泡于各种味觉的卤汁中腌制,使原料带有浓郁的卤汁味的方法叫泡腌。泡腌的原料有的先经盐腌,而一些质地脆嫩、调味易渗入的原料,一般可直接浸泡于卤汁中。泡腌的时间随原料质地及成菜的要求而定。泡腌菜非常入味,又能保持一定的时间。泡腌有三种方法,即糟、醉、泡。

1. 糟法（见图 2-32）

糟是将处理过的生料或熟料用糟卤等调料制成的卤汁浸渍,使其成熟或增加糟香味的一种烹制方法。糟制菜强调特殊的糟香味,成品质地鲜嫩。糟是做酒剩下的渣子,通常称香糟,有白糟、红糟之分。按原料的生熟不同,糟主要分生糟和熟糟两类。

（1）生糟。原料未经加热处理直接糟制,经过一段时间腌制入味后,再加热成菜的一种方法。生糟大都运用在蛋类、鱼虾、蟹,糟制后多采用蒸食。四川宜宾和浙江平湖的糟蛋最为著

图 2-32

名,其糟透之后可以生食,味道醇香可口,食后余味绵绵。

（2）熟糟是将原料熟处理后,经糟卤汁浸腌入味,再改刀装盘成菜的烹制方法。糟料分红糟、香糟、糟油三种。较为出名的是上海的糟钵头、糟毛豆等。

（3）糟卤的配方各地略有差异。大致做法是鲜汤加盐、葱、姜煮开晾凉,再将酒糟倒入纱布袋中挤捏碎,用纱布过滤取汁,最后在糟汁中加入酒和味精。

（4）糟的制作要点:

第一,糟制的原料应是极新鲜而且颜色白净的禽类和畜类及部分素料。为了突出糟香味,原料一般只选味感平和而鲜,没有大的特殊味感或腥味的。

第二,除非原料质地十分老韧,一般煮到刚断生为好。鲜嫩原料煮得过于酥烂,糟制成品后质感不佳。

第三,糟制的方法,一般都是先以盐将煮熟的原料腌制入味,随后泡入糟卤中。香糟糟菜只取糟卤,也可在糟卤浸制的同时,将过滤出的糟渣用纱布包裹压在其上。红糟糟菜一般不经过滤,原料直接用盐、白酒等料腌制好,再放入稀释的卤汁中浸泡,成菜时还粘附少许糟粒,风味独特。

第四,糟制品在低于10℃的温度下,口感最好,所以夏天制作糟菜最好,腌制后放进冰箱。这样能使糟菜具有清凉爽淡、满口生香的特点。

2. 醉法（见图 2-33）

醉是以酒和盐作为主要调味料浸泡原料的方法。醉菜酒香浓郁、肉质鲜美。醉料的酒一般是优质白酒或绍兴黄酒。醉一般分为生醉和熟醉两种。

（1）生醉的原料通常是活的河、海鲜,比如蟹、虾、贝壳类（如黄泥螺、香螺等）,先用清水将原料清洗干净,再用高度白酒进行清洗杀菌,之后浸入用花雕、盐、糖、话梅、香料等调制的卤料中浸泡,盖严坛口,使鲜活的原料吸足酒汁醉死、醉透,直至产生出特有的香气后可

图 2-33

直接食用。生醉通常3～7天即可。比较著名的菜如醉蟹、醉虾、醉泥螺、醉香螺等。

（2）熟醉一般以畜禽类肉为原料,如鸡、鸭、门腔等。还有个别植物类原料也可以用来醉制。制作方式通常是原料先经过初步熟处理（或煮、或蒸使原料成熟）,再调制卤汁（卤汁中酒是主要成分,一般还加入鱼露、盐、香辛料等）,最后将熟原料放入调制如的卤汁中浸泡。熟醉比较著名的菜有醉鸡、酒醉小竹笋等。

（3）醉的制作要点

第一,用鲜活原料是醉制菜肴最基本的条件。原料醉制好后不再加热,全靠酒中的酒精杀

灭细菌,有些熟料和素料还好一些,生的水产品如不够新鲜,加酒之后腌制时间又不长的话,很可能造成酒精不足以灭杀所有的细菌。一些河鲜类的原料应用白酒先清洗一遍,再泡入醉料之中。

第二,鲜活原料必须洗涤干净。有些活的原料如醉泥螺、醉香螺等。最好能放在清水中静养几天,以使其吐尽污物(见图 2-34)。

第三,醉制时间的当根据原料而定。一般生料腌制时间久些,熟料短些。

图 2-34

第四,需长时间腌制的原料,其卤汁中咸味调料不宜太浓,以防菜品太咸。如短时间腌制的原料,其卤则不能太淡。另外,若以黄酒醉制,时间不宜太长,否则口味的发苦,醉制菜肴一般在夏天制作,因此尽可能将腌制品放入冰箱腌制(但温度不能低于零度)。

图 2-35

3. 泡法(见图 2-35)

著名的四川泡菜属于泡制法。所谓泡是以时鲜蔬果为原料,投入经调制好的卤汁中浸泡成菜的方法。除四川泡菜卤汁味为咸、酸、辣、鲜之外,常见的还有一种甜酸味的泡菜。四川泡菜的卤汁主要用盐、花椒、白酒、干辣椒、红糖等加水熬成,放入特殊的盛器—泡菜坛里,其酸味来自于生成的乳酸菌。甜酸味的卤汁主要用料是白糖、白醋、盐、香料等加水熬制而成,其浓度很高,盛装的盛器也要求是陶制品或玻璃制品。

泡法的制作要点:

第一,原料新鲜。含有较多的水分的原料泡出的菜才会具有脆嫩爽口的质感。这些蔬果要求洗涤干净,并沥干水分。不可将生水带入泡菜卤中,否则易使卤变浑甚至变质。

第二,按比例添加作料。每次泡料应添作料做到先泡先捞,泡菜的卤汁管理也是一门学问。因为泡菜跟卤水原料一样,卤汁泡制的原料越多、时间越长,口味越佳。泡菜坛内的卤汁如遇结白醭,可以白酒点入补救。若发缸(泡菜水溢出坛子)严重、出现异味时,应倒掉重来。初做泡菜卤最好在熬制好的卤汁中加入一定数量的老卤,让老卤中的乳酸菌在新卤中发酵,从而增加新卤的风味,改善新泡菜的口感。

第三,强调清洁。取泡菜时千万不能带入油腻的成其他不洁物,要用干净的专用筷子夹取,决不能用手抓。泡菜卤对不洁物较敏感,极易变质。用不洁的器具取泡菜会将杂菌带入缸内,从而会使卤水变质。

第四,掌握时间。泡菜时间的长短根据原料的形体大小、质地及季节而定,一般较厚实的原料泡制时间长一点,细、薄的原料稍短一些。为了使原料同时成"熟",要求原料加工的形体大小一致,要么是薄片,要么是条状或块状。夏天泡制菜肴的时间较短,一般 1 天,最多 2 天即

图 2-36

可食用;冬天一般需要泡制 3 天以上。糖醋卤泡料一般 1 天即可,与季节关系不大。在夏天,为追求清凉的口感,甚至可将原料移进冰箱里泡制。

第五,开发新品种。四川泡菜的原料极广,几乎带脆性的所有原料都可泡制,如泡白菜、泡萝卜、泡黄瓜等。糖醋泡菜(见图 2-36)多用于泡花菜、卷心菜、胡萝卜、黄瓜等。可以根据这一点特点开发新的品种。

(七)浸泡类

浸泡类的冷菜属于蒸、煮、炸等类烹调方法后续的入味的一种手法,如先蒸后浸的冰糖南瓜、先炸后浸的话梅花生、先煮后浸的盐水毛豆等。浸泡类方法与泡法有相似之处,但也略有不同。按浸泡前后次序可以分为:先浸后烹、先烹后浸、上桌前加料浸泡等。

1. 先浸后烹(见图 2-37)

先浸后烹一般是指先将原料浸泡在事先调制好的卤汁中,用蒸或煮的方法让原料成熟。一般成熟后保留原有卤汁,再将其浸泡入味。代表的菜品有:红枣莲心、冰糖南瓜等都是事先将原料洗净,将冰糖、白砂糖等调制成糖水,再将原料浸泡到糖水中蒸制成熟,冷却后浸泡冷藏在糖水当中,让甜味渗入原料内部。

图 2-37

2. 先烹后浸

先烹后浸所采用的烹调方法有很多种,一般是利用煮、蒸、炸等方法将原料处理成熟,之后再浸泡在事先调制好的卤汁当中,使其入味。代表菜有:盐水毛豆节、豆豉小黄鱼等。以盐水毛豆节为例,先将其洗净,沸水氽熟,冰水冷却,过滤水冲净,再将其浸入事先调制好的盐水卤中浸泡入味即可。还有豆豉小黄鱼,是先将小黄鱼炸透后浸入事先调制好的豆豉卤汁中浸泡入味成菜。

3. 上桌前加料浸泡(见图 2-38)

上桌前加料浸泡,一般是指原料在烹制或初步处理后,在上桌前加入调料汁浸泡上桌的菜品。如:口水鸡、老醋海蜇、话梅花生等。此类菜品加入调料后长时间浸泡会影响菜肴的质感,如:花生长时间浸泡会不脆,海蜇长时间浸泡会缩水变软等。所以只能在上桌前加料浸泡。

图 2-38

二、烧烤类

（一）烧烤（见图 2-39）

烧烤是以燃料加热和干燥空气，并把食物放置于热干空气中一个比较接近热源的位置来加热食物，可能是人类最原始的烹调方式。一般来说，烧烤是在火上将食物烹调至可食用。现代社会，由于有多种用火方式，烧烤方式也逐渐多样化，发展出各式烧烤炉、烧烤架等。

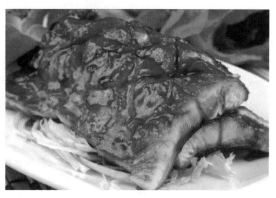

图 2-39

1. 制作方法

烧烤类冷菜的制作方法几乎与热菜的烹制方法一模一样，只是烤制后，要等冷却再切配装盘。烧烤类的冷菜制法分为明炉烤和暗炉烤两类，以后者为多。用于冷菜的烧烤在选料及调味上比热菜要求更高，比如禽类或畜类不能选择过肥或过瘦的；又如热的烤制品，浓郁的香味会随热气散发在空中，而冷菜的香味不足，为使香味充分为人们所感受，必须在烤后调味，而冷食的烤制品绝大多数是在烤前调味，且要加入香料腌制一定时间。比如叉烧，就有沙姜粉、茴香粉、白酒等呈香调料，加上其他调料拌腌一定时间后再烤。又因为调好味再烤，要特别注意烤制时颜色的变化。调料中的糖、酱油等在烤制时转色、变色很快，尤其是糖，很容易炭化发黑。所以要掌握烤制时间和火候。烧烤类的菜品有叉烧、烤鳗、澳门烤肉、烧鹅等。

2. 烧烤制作要领

（1）烧烤类不宜烤得太焦，烧焦的物质很容易致癌，而肉类油脂滴到炭火上，产生的多环芳烃会随烟挥发附着在食物上，也是很强的致癌物。有些原料烧烤时可用锡箔纸包起，以避免吃下致癌物。烧烤原料一旦烧焦，一定要将烧焦的部位扔掉，绝对不可食用。

（2）烧烤原料一般都是肉类、鱼类等高热量食物，再加上使用烧烤酱等，油脂含量过高，上桌时可以搭配些蔬菜，以减少油腻。

（3）冷菜热吃逐渐流行，有些成品可以通过保温或微波等手段将其加热，但口味没有刚制作出来的时候脆香多汁。

（4）制作过程中需要对食物的位置作调整，以使各部受热均匀。如烧烤的是大且厚的食品应在烤熟一边以后再烤另一边，否则将很难烤熟并有可能烤焦。

（二）烟熏（见图 2-40）

暗烤炉有一种颇具特色的应用——烟熏。烟熏是将已经烹调成熟或接近成熟的原料，通过烟气加热，使菜肴带有特殊的烟香味，或同时使原料成熟的方法。它还是一种贮藏食品的方法。

图 2-40

1. 烟熏的特点

熏过的食品,外部失去了部分水分,较干燥,特别是烟熏中的所含的酚、醋酸、甲醛等物质渗入食品内部,抑制了微生物的繁殖。所以,在保藏鱼、肉原料时,常用烟熏法。但是,烟熏的食品,除了上述作用外,还产生了一种烟香味。操作时,大都熏前调味,熏后抹油(香油),使用不同的熏料,如茶叶、香樟树叶、白糖等,能熏制出具有色泽光亮、烟香鲜嫩特色的名肴。这里介绍的熏是将经过蒸、煮、炸、卤等方法熟制的原料,置于密封的容器内,用由各种物料的烟气熏,使烟火味焖入原料,形成特殊风味的冷菜。经过熏制的菜品,色泽艳丽,熏味干香,并可以延长保存时间,是常备的冷菜之一。

2. 熏料与熏法

熏的燃料可用锯末、糖、茶叶、糠、松枝、柏枝、竹叶、花生壳、向日葵、甘蔗皮等。熏制的方法经许多厨师的实践与创新,现在比较典型的熏法有生熏法和熟熏法两种。

(1) 生熏法(见图 2-41)。生熏法的流程较少,一般只有腌、熏两道工序,即将加工处理好的生料,用调味品浸渍入味,再经熏料烟熏成熟。在选料上,大多以肉质鲜嫩、体形扁薄的鱼类为主。如烟熏三文鱼常见的烟重的三文鱼是改力成片状再熏制。

图 2-41

图 2-42

(2) 熟熏法(见图 2-42)。熟熏法的流程就比较多,大多数要经过腌、蒸、炸、熏等工序,但每个品种流程次序又不相同,有的是腌、熏、蒸、炸,有的则是煮、腌、熏等,情况比较复杂。在选料上,熟熏法以整鸡、鸭、大块肉品及固有形态的蛋品为多。

烟熏操作时应注意两点:一是原料在熏制前应擦干或晾干水分,便于烟味附着,有些初步处理时未成熟,靠烟气熏熟的原料,应加工得小一些、薄一些;二是烟熏时原料最好放在铁丝网上,使原料与烟源有一定距离又使烟保持一定的浓烈程度。烟熏的时间不能太长,一般在 5 分钟以内。烟熏的名菜如烟熏鲳鱼、烟熏乳鸽等。

烟熏的传统方法是利用高温将烟熏的材料点燃,当燃烧物质燃烧不充分或者半燃状态下的时候就会产生烟雾。通常是将混有水分的木屑使之不完全燃烧产生烟雾,再让烟雾熏蒸原料;另一种传统方法是用一口蒸锅,在锅底放少许油,再将烟熏材料放入锅底,茶叶、树叶、糖等在油和锅的传热下产生烟雾,锅上架蒸笼使其烟雾能附着在原料表面上。在传统熏制过程中会产生含有 3,4-苯并芘等致癌物质,所以烟熏菜不易多食。

在如今的冷菜制作中,利用分子料理的烟熏枪(见图2-43)制作新式的烟熏菜,用一个高脚杯或一个透明盛器扣住菜肴,然后用烟熏枪把熏香的木屑烟气喷入容器中,让烟雾迷绕在盛器中,意境与香气共存,也更为健康安全。

图 2-43

三、油炸类

(一)炸氽类

冷菜的炸氽类菜肴的制法与热菜完全不同,只是菜品远不及热菜那么多。热菜中许多炸氽菜也不适应于冷菜。

冷菜的炸氽一般分为脆炸和油氽两种。

1. 脆炸(见图2-44)

脆炸所挂糊种一般分为发粉糊、全蛋糊、蛋清糊三种。发粉糊取形体膨大,成品质感松软;全蛋糊取其质地松香而略脆;蛋清糊一般到完全冷却之后仍有一定脆度,因为是冷菜,烹调时炸脆,到装盘时已无脆硬度可言。但其特有的油香及金黄的色泽,仍具特殊的风味。

图 2-44

图 2-45

2. 油氽(见图2-45)

油氽的菜一般是使原料脱水之后产生香脆质感,原料事先调味与否均可。氽炸类冷菜如面拖虾、油氽花生、油爆鲹鳊鱼等。

油氽类操作要点:

(1)油与原料的比例应达到3∶1,油少了温度很难控制。

(2)花生、腰果等坚果类原料要冷油下锅,应在2～3成油温中让其水分挥发成熟,最后在4～5成油温中使其上色增香。

(3)油炸一些鱼类、肉类等原料应控制好火候,下锅时6～7成油温使其起皮不易碎,之后再转小火保持在4～5成油温,将其水分炸干,让其变香变脆。

（二）炸收类

炸收又称油焖五香，即先炸后焖。炸收是指原料加工处理后，经油炸再加入五香料等及鲜汤调制卤汁烧焖，最后用旺火收汁成菜的一种烹调方法。炸收适用于新鲜程度高、肉质紧实的家畜、鱼类、豆制品等原料。炸收的菜品具有色泽油亮、质地酥软、香味浓郁等特点。如制作熏鱼，五香豆腐干等。

炸收的操作要点：

（1）刀工处理。炸收原料加工成中块和厚片为宜，刀工一般要切得适中，因原料块过大不易入味，原料块小易炸太干。

（2）调基本味。炸收的原料多要事先调味，调味料主要有盐、料酒、五香粉、味精等。

（3）油炸多用高油温，油温过低易浸油，粘连不上色。

（4）炸收的原料焖制时采用中小火，待汤汁少时再用旺火收汁。

（5）焖制时汤汁或水应一次加足，中途不宜加减。

第四节　其他类

一、糖粘类

冷菜中的甜制品虽不多，但其全甜的口味迥然不同于其他任何菜。因此在宴席中有它们的一席之地。糖粘类着眼于成菜的口味是甜的，并不像前面六类分别是烹和调制的方法，所以归属于综合性的冷菜制作法。全甜菜的冷菜制法即糖粘制法，实际包括挂霜和琉璃（琥珀）两种。

（一）挂霜（见图 2-46）

挂霜是小型原料加热成熟后，粘上一层似粉似霜的白糖的一种制法。挂霜多取用果仁类、水果类及少量肉类原料。一般加工成片状、粒及小块状。加热的方式多为油氽或油炸。动物原料往往还挂糊。挂霜的制作过程大致在原料油炸成熟之后，另锅用糖及水熬煮，到糖全部溶化后倒入原料翻拌，冷却后原料表面即结糖霜。有的在冷却前再放在白糖中拌滚，使其再黏上一层白糖。还有一种简单的方法，即在成熟的原料表面撒上绵白糖。现在也有在糖中掺入可可粉、芝麻粉的，丰富了挂霜的口味，制法仍归属为挂霜。制作要点为：

图 2-46

1. 正确熬糖

挂霜制作的最大难点是熬糖。熬糖一般多用糖水熬法，即锅内加水及糖，用小火熬，熬制糖全部溶于水，水泡由大变小且密，有一定粘稠度时，倒入原料翻拌。熬糖之前锅一定要洗干净，熬制过程中可用手勺搅拌糖水，防黏底、促熔化。熬制时加水量一般可略少于糖，待熬至水分挥发将尽时(糖温160℃),正是糖的熔点温度,也是下料时(这个比例只适用于原料在500克以内的糖、水用量)。糖水比例很关键,水多,原料挂不上糖浆;水少,糖溶化后不起"霜"。

2. 重视加热成熟环节

挂霜菜除了外表似霜及口味全甜的特色之外,口感香脆也是主要特色。香脆的特点依赖于油炸以及在油氽原料时对火候及油温的掌控。果仁都属油性原料,含水分较少,较易炸焦,氽得过了便发苦。所以,这类原料一般取小火慢氽法。有些原料在油氽前还可用开水泡一下,一方面去衣方便,另一方面使部分水分渗入,炸时较易掌握。油氽之后要稍冷却后才能挂霜,否则糖浆遇热而化,不易挂上。果仁油炸后的温度一般在160℃~200℃之间,高于糖的温度,应略待冷却后再入锅翻糖;但也不可太冷,以100℃左右为宜。因为太冷后,糖浆迅速降温,加快凝结,可能会在原料未包裹糖浆前已经粘成一团,不易打散。肉类原料一般应挂水粉糊或蛋清糊以使成菜的质地脆硬度好一些。这类原料油炸时也应注意炸得比一般脆炸菜更脆一些。挂糖浆时则与果仁类相反,应刚离油锅即入糖锅。不用担心原料挂不上糖浆,原料表层的糊壳,挂浆能力很强。炸脆的原料冷却后外表很可能不脆了。

3. 防止粘连

要趁热将原料分开,否则就会粘连在一起。有一种做法是将裹上糖浆的原料倒入炒熟的糯米粉堆里搅散,一来"霜"上加"雪",外观更好,二来又可以马上做到粒粒分散。这糯米粉还可换成可可粉、芝麻粉等(也有将可可粉里拌入糖浆再下料拌匀的)使挂霜菜别有风味。挂霜名菜有挂霜腰果、可可桃仁、挂霜排骨等。

图 2-47

(二)琉璃(见图 2-47)

原料挂上糖浆后使其冷却结成玻璃体,表面形成一层琉璃状的薄壳,透明而光亮,酥脆而香甜,这种方法叫琉璃。琉璃之名,就取之于成菜特色。还有一种叫做琥珀的方法,是在琉璃之后再经过5~6成的油温炸脆的一种方法。油炸后更加光亮脆爽。

1. 制法

琉璃菜的原料多为水果、根茎类蔬菜、果仁及动物原料。这些原料大都加工成小块或球状,油氽或挂糊油炸之后包裹上溶化了糖浆,冷却成菜。熬制时加水量一般可略少于糖,待熬至水分挥发将尽时正是糖的熔点温度(糖的熔点是186℃~187℃)。达到这个温度时,糖呈液体,冷却后会形成玻璃体。琉璃菜就是利用了糖的这一特性。

2. 制作要点

琉璃菜的操作难点是熬糖。琉璃是冷食的,故挂上糖浆后要摊散放于涂上油的盘子里,勿使其相互粘连。另外,琉璃一般都是大批制作零星使用的,因此菜的保存应强调防潮。由于此菜表面的玻璃体很容易吸水受潮从而影响脆度,加上有黏性,使口感不适。琥珀核桃、琉璃肉都是琉璃的名菜。

图 2-48

二、冻制品（见图 2-48）

冻是成熟的原料加上明胶或琼胶汁液，待冷却结冻后成菜的一种制法。冻制方法较为特殊。它借用煮、蒸、汆、滑油、焖烧等热菜的烹调方法，而成品必须冷却后食用。所用明胶蛋白质主要取之于肉皮，琼胶则取之于石花菜或其琼脂。菜肴冻结后形成特殊的味道、色泽、形态和质感。冻菜口感比较单纯，主要是咸鲜味和甜味，分加酱油和不加酱油两种。成品色泽晶莹透明，尤其是不加酱油的冻菜，透明度很高，亦称水晶菜。以明胶结冻的菜，其冻有一定的硬度，弹性很好，咬感极佳；琼脂结冻，则很嫩，舌尖一抵即碎，在口中化为满口鲜汤。以明胶结冻多取焖、烧、煮等方法，品种如冻羊糕等；以琼脂结冻多取汆、滑油、蒸等方法，品种有水晶虾仁冻、冻鸡等。制作要点如下：

1. 胶汁熬制

要做纯净透明的冻菜，胶汁熬制是关键。一般琼脂较易掌握，把握汤水与琼脂的比例为1：70～100。熬制时要先将琼脂浸泡至软，然后与汤水一起用小火熬至琼脂熔化即可。琼脂具有可以反复加热、结冻的特点。如大批量生产，可先将琼脂熬好，零星使用。但必须注意熬好的琼胶不可久放，琼脂是良好的细菌培养剂。

皮冻熬制相对比较复杂。猪皮最好选用背脊和腰肋部位的，要去净皮上的肥膘和污物，加水用小火煮烂（见图 2-49）。倘要做水晶冻，则最好将修净的猪皮加水上笼蒸烂，或是煮烂的皮冻用纱布过滤之后再用明矾吊清。一些经焖烧煮的冻菜，如色彩要求不高，也可将肉皮切碎与其他原料一起烧煮。

2. 浓度与用量

做水晶菜一般胶质浓度不宜太高。成品以能结冻、不塌为原则，胶汁用量越少越好，多则成品发硬，不能达到入口即化的感觉。

图 2-49

3. 正确选料

水晶冻菜的原料应选择鲜嫩、无骨、无血腥的原料，而且刀工处理得细小一些，一般以小片状为多。原料多经水煮，色泽白净，有些经上浆滑油的原料一定要尽可能多地除去油腻。配料应多从颜色搭配的角度考虑，选一些色彩鲜明、质地脆嫩的原料。在汤汁结冻前，还应将原料排列整齐或组合成一定的图案，以增加美感。

4. 调味

水晶菜口味以清淡为宜，闷烧的品种也应用香料或其他调味料尽可能除去原料的异味。烹制完毕后可盛放在扁形盘子里，将原料均匀地分布在汤中，以便于冷却改刀后每片能均匀地带有卤冻和原料。

三、卷酿类

卷酿类冷菜（见图 2-50）的制法与热菜的酿相仿，但在选料和口味上略有差异。所谓卷是以一种大薄片状的原料包入一种或几种其他原料而成，成品质感、风味丰富，造型别致。卷制的冷菜的片状料是在一种原料的面上、中间涂上、夹进、塞入另一种或几种原料的制法。卷制冷菜的片状料常用紫菜、菜叶、豆腐衣、百叶、蛋皮、萝卜、等；包卷在中间的原料多为色彩鲜丽、口感脆嫩或鲜香味浓的丝、茸、条状料

图 2-50

如笋、茭白、牛肉、猪肉、鸡肉，或剁成泥茸状的其他动物原料；酿菜的底坯原料多种多样，但一般处理成厚片状，塞料原料多为球状或较厚实的。酿料绝大多数是鲜嫩的，剁成泥茸或小颗粒的动物原料。

卷酿类菜肴特点

卷酿菜肴除口味丰富外，更多的是着眼于它的色彩和造型。卷制类菜肴本身在卷包过程中就能捆扎成一定形状，如圆筒状、方形、六角形等；在色彩上，可以展现出不同原料的层次。最简单的做法如蛋皮包鸡泥，卷成筒状，当截切开时，就出现了黄和白两层颜色。包卷的原料可以多种多样，包卷方法也可以变化多端，故其色彩和形状就显得丰富多变，这为一些花色冷盘及一般冷盘的色彩和造型提供了菜品的原料。卷酿菜的可塑性大，形态也不受拘束，底坯可方可圆，可以仿造各种动植物形态，泥茸状的酿料更可以根据要求变型。它的主要用途是作较高级冷盘的点缀或主料，能够美化整桌席面。

2. 制作要点

图 2-51

原料之间要结合紧密。因为卷酿菜起码都由两种以上原料组成，有些泥茸料较易摆弄，而有些带脆性的原料往往较难与底坯或包卷的纸状料结合在一起。因此，在包卷或涂酿时应包得紧实，黏贴得牢固。办法是在结合部撒上干淀粉或涂上蛋糊。有些脆性原料作包纸的，要经焯水，使之柔软。

第二，泥茸状的酿料应剁得细。调制时要搅上劲，这样的成品表面光洁度高，口感也好。包卷类的原料色彩搭配要鲜艳和谐，一般选用色差大一些、对比强烈一些的颜色，以求美观。比较常用的卷酿菜有如意蛋卷、金银肝等（见图 2-51）。

四、脱水类（见图 2-52）

脱水类冷菜制品亦称之为松，是无骨、无皮、五筋的原料，采用炸、汆、烤、炒等方法脱水变脆或变得松软的制作方法。松类菜肴的原料大致有两类：一类比较容易脱水，如切成细丝的植物原料、鸡蛋液等；另一类不易脱水，如肉类、鱼类。前者可直接加热脱水，后者往往需经焖煮

或蒸制后才能去除大部分的水分。脱水类冷菜质地疏松、酥脆或柔软，有些菜肴色彩悦目，又具可塑性。所以松类菜肴往往是被用来点缀装饰冷盘，或是以其独特的口感与其他冷菜相配合。松菜的代表菜品如肉松、鱼松、菜松、蛋松等。

图 2-52

松类菜肴几乎脱尽原料体内的水分，操作难度很大。稍有不慎或因脱水不足产生皮韧的口感；或因脱水过度，而枯燥变味。取用炸余方法的，多为细丝状易脱水的原料，这时油温掌握很重要，特别是易脱水的原料，油温应高一些，约七八成熟，油量要大一些，炸制的时间极短，一般只需几秒钟，如菜松，只取菜叶切丝，一炸即脆；脱水稍慢的原料，油温就该适当低些，在四五成左右，炸制时间也可略长一些，如鱼松、肉松等一些不易脱水的原料多蒸煮至酥烂后取煸炒、烘烤法，火力都忌过猛，以防出现部分枯焦、部分结块发硬的现象。煸炒和烘烤原料都要多加翻动，使之受热均匀。除个别炸余的松菜加热后调味外，一般松菜都要事先调味，有的在烧煮阶段，有的在生料阶段。调味要偏淡一些，调料用量应针对脱水之后成品的量而不是生料的量。

第三章　冷菜拼装

冷菜拼装,就是根据食用及美观要求把经过刀工处理的冷菜原料整齐地装入盘内。拼装的质量取决于刀工技术的好坏和拼摆技巧的熟练程度。冷菜是酒席上与食用者接触的第一道菜,素有菜肴"脸面"之称,具有先入为主的作用。因此,冷菜拼装的好坏直接影响着整个酒席的质量(见图3-1)。本章主要是阐述冷菜装盘的原则和基本要求、冷菜拼装的形成和手法,以提高学员的实际技能。

图 3-1

第一节　冷菜装盘的原则和基本要求

一、冷菜拼装盘的原则

（一）坚持食用性和艺术性统一的原则

菜肴拼装造型是以食用为目的,以美化为手段,努力使菜肴的色、香、味、型、质与器皿相得益,达到美观、艺术效果。也就是说冷菜装盘造型过程在食用性的基础上,做到形美、味美,使人观之心旷神怡,食之津津有味的精神和物质的双重享受。

（二）遵循简易、美观、大方、因材制宜的原则

冷菜盘配造型必须强调简易、美化、大方、因材制宜的原则。一般在盘配中不宜进行精雕细刻,因时间过长,造型过繁,装饰过多的菜肴,一方面影响上菜速度;另一方面又不符合卫生

要求(因时间长原料易变质)。同时,造型精美绝伦的菜肴会使就餐者产生"欲食不忍"的心理。所以在凉菜盘配造型时,我们要充分利用原料自然形状,经刀工处理和装饰点缀,使菜肴形状达到完美的效果。

（三）坚持突出精巧艺术的原则(见图 3-2)

冷菜盘配造型要突出精巧艺术性。是由冷盘的空间性和时间性这一特点所决定的。一般人们的餐宴时间为 1～2 小时,没有必要对其冷盘造型花长时间追求大规模,一般不宜过分精雕细刻和搞内容复杂的构图,更反对牵强附会。在创意过程中,要把握形似与神似,使餐者观赏其形,领略其神,富于意趣,在视觉和心灵上均感到愉悦。

图 3-2

图 3-3

（四）坚持实用、安全、卫生的原则

实用为本,一是味要好,二是质要优。质优就是既好吃又卫生,不要为了造型装饰,反复摆弄,因时间过长,使原料变质变味。此外,不得加入非食用材料,如苏丹红、色素;所选原料不得使用有毒或不清洁的液体浸泡或保鲜;使用的添加剂要严格遵守国家规定的品种,尽量少用或不用。拼制时,未经烹制不能食用的原料不要摆入,尽量减少原料与手直接接触的机会,提倡用工具取拿(见图 3-3)。

（五）坚持用料合理、避免浪费的原则

用料合理是指冷菜盘配时要做到物尽其用。由于原料的性质和部位不同,有的可做刀面料,有的可做垫底料,要做到大料大用,小料小用,边角料要充分利用,做到物尽其用,尽量避免浪费。

二、冷菜装盘的基本要求

（一）刀工要精细

冷菜在拼摆特别注重整齐美观,对刀工的要求特别高。因为刀工是决定凉菜盘配造型是否美观的主要因素。娴熟的刀法是创造高质量冷盘造型的根本保证。盘配时要切配冷菜时，应根据原料的不同性质，灵活运用各类刀法。如直切、锯切、花刀切、抖切、雕刻等，无论是哪种刀法都应整齐划一，干净利落。

（二）色彩要协调美观

冷菜拼摆的配色应以原料固有的本色为主，合理搭配，以色调悦目、协调美观目的。盘配时一般采用对比强烈的色泽相配，避免使用同色和相近色，同时还需注意根据季节变化来配色，冬暖色、夏冷色、春秋花色。总之，只有正确运用色彩规律配色，才能做到艳而不俗、淡而不素、给就餐者以色彩和谐协调、舒适愉快的感觉。

（三）盘配造型要富于变化（见图 3-4）

图 3-4

一桌酒席一般都有多个冷盘，拼摆时不能千篇一律，必须运用多种刀法和手法，拼摆出多种图案，做到一菜一式，多彩多姿，引人喜爱。也可增加一些装饰、点缀和雕品美化冷盘，但应注意使用效果。

图 3-5

（四）装盘要合理（见图 3-5）

制作凉菜的目的是食用，拼摆装饰的目的是更好地食用。所以，不管拼盘盘配什么样的冷菜，装盘一定要合理，避免拼摆一些华而不实的冷盘。同时还要注意到菜肴味汁之间的配合，因除酱熏菜无汁外。还有些凉菜有调味汁，有的需要浇汁，在拼摆时做到用卤汁的摆在一起，不用卤汁的摆在一起，防止菜与菜之间串味。

（五）盛器要协调

俗话说：美食不如美器。冷菜盛器的合理选用对于冷盘拼摆很重要。盛器的选择应与冷盘类型、款式、原料色泽、形状、数量以及就餐者的习俗相协调、相适应，做到格调雅致、虚实有序。同时要注意盛器的色彩要与菜肴的色泽相协调，盛器的形状要与菜肴的造型相配合，盛器的规格要与菜肴的数量相适应。

（六）注意营养卫生

冷菜不仅要做到色香味形美，同时还要注意各种原料之间营养成分的搭配和菜品的卫生。因凉菜装盘后直接上桌食用，没有再加热杀菌的过程，所以要特别注意卫生。要做到尽量不用手接触食品原料，不用不消毒的餐具，不用变质的食品，原料生熟分开。

第二节　冷菜拼装的形式

冷菜拼装的形式,按拼装技术要求,可分为一般冷拼和艺术冷拼两类。在此分别予以介绍。

一、一般冷拼

凡是用单种式数种冷菜原料,经过一定的加工,运用一定的形式装入盘内,称为一般冷拼。一般冷拼是冷菜拼装中最基本、最常见的拼盘,从内容到形式比较容易掌握。常见的有单拼、双拼、三拼、四拼、什锦拼等几种形式。

（一）单拼（也叫单盘、单碟）（见图3-6）

指每盘中只装一种冷菜,要求整齐美观,具体可分叠排单拼、排围单拼、叠围单拼、盘旋单拼、插围单拼等。

图 3-6

图 3-7

图 3-8

（二）双拼（见图3-7）

指把两种不同原料、不同色泽的冷菜装在一个盘内。双拼要注意色泽、口味、原料的合理搭配,讲究刀面的结合,做到美观、整齐、实用。具体可分对称式双拼、非对称式双拼、围式双拼等。

（三）三拼（见图3-8）

指把三种不同色泽、不同口味的冷菜装入一个盘内。这种拼法要求更高,色泽、口味、形态必须相互协调,达到美观、整齐效果。具体可分非对称式三拼、围式三拼等。

（四）四拼（见图3-9）

就是把四种不同色泽、口味、荤素的冷菜装入一个盘内。这种拼法,讲究组合,刀工精细形式多样。具体可分非对式称四拼、对称式四拼、立体四拼等。

（五）什锦拼（见图 3-10）

指把八种或八种以上不同色泽、不同口味、不同荤素的冷菜原料,经过适当加工,整体地拼装在一只盘内的冷盘。这种冷盘拼装技术要求高,外形要整齐美观,特别讲究刀工和装盘技巧,并且色泽搭配要合理,口味多变且互不受影响。

图 3-9

图 3-10

二、艺术冷拼（见图 3-11）

艺术冷拼是指用几种冷菜原料,经过精巧设计和加工,在盘中拼摆成各种花鸟鱼虫景物形图案的一类冷拼。艺术冷拼素以它优美的造型而取悦于人。它不仅给人以色美形美的享受,而且味美可口,深受欢迎。主要特点是:艺术性强、操作难度大,特别是图案的设计和拼摆的技术要求高。

图 3-11

第三节 冷菜拼装的手法

冷菜的拼装工艺比较复杂,但各地所采用的手法却大致相同,归纳起来一般有堆、复、排、叠、摆、围法等六类。

图 3-12

一、堆法（见图 3-12）

堆法就是把加工成形的原料堆放在盘内。此法多用于一般冷拼盘,也可以堆出多种形态,如宝塔形、假山风景等。

二、复法（见图 3-13）

复法就是将加工好的原料先装在碗中,再复扣入盘内或菜面上。原料装碗时应把整齐的好料摆在碗底,次料装在上面,这样扣入盘内后的冷菜,才能整齐美观,突出主料。

图 3-13

图 3-14

三、排法(见图 3-14)

排法就是将加工好的冷菜摆成行装入盘内。适用于较厚的方片,或腰圆形块(形如猪腰子的椭圆形的块)。根据原料的色形、盛器的不同,又有多种不同的排法,有的适宜排成锯齿形,有的适宜排成腰圆形,还有的适宜排成整齐的方形,或其他花样。总之,以排成整齐美观的外形为宜。

四、叠法(见图 3-15)

叠法就是把切好的原料一片片整齐地叠起来装入盘内。一般适用于片形,以叠阶梯形为多,是一种比较精细的操作手法。叠时要与刀工密切结合,随切随叠,叠好后铲在刀面上,再盖在已经垫底围边的原料上;另外也有些韧性的原料切成薄片折叠成牡丹花、蝴蝶等,其效果也很好。因此叠法可根原料的质地和需要灵活运用。

图 3-15

图 3-16

五、摆法(见图 3-16)

摆法又称贴法,就是运用精巧的刀法把多种不同色彩的原料加工成一定形状,在盘内按事先设计要求摆成各种图形或图案。这种拼装手法难度较大,才能将图形或图案摆得生动形象,需要掌握熟练的技巧和一定的艺术素养。

六、围法(见图 3-17)

围法就是把切好的原料在盘中排列成环形。具体围法有围边和排围两种；所谓围边是指在中间原料的四周围上一圈一种或多种不同颜色的原料；所谓排围是将主料层层间隔排围成花朵状,在中间再点缀上一点原料。如将松花蛋切成橘子瓣形的块,即可围边拼摆装盘,又可用排围的方法拼摆装盘。围法可根据菜肴的要求灵活运用。

图 3-17

第四章 冷菜制作实例

本章是选取了十个实例,分别介绍了它们的原料配比、工艺流程、菜肴特点、制作要点、营养与功效,并加了"知识小贴士",指明了教学重点。

实例一 糖醋仔排/Sweet and sour Aberdeen row(见图 4-1)

图 4-1

菜系:上海菜

工艺:炸、烧

口味:甜酸

菜品简介

"糖醋"是中国各大菜系都拥有的一种口味。它源于江苏的无锡,现在江苏、浙江、四川菜中广为流传,因各地习俗不同做法稍有不同,常用于熘菜。糖醋仔排是糖醋菜中具有代表性的一道大众喜爱的传统菜。它选用新鲜猪仔排作料,肉质鲜嫩,成菜色泽红亮油润,口味香脆酸甜,颇受江南一带食者的欢迎。随着华人遍布世界各地,糖醋仔排现已成为世界华人圈知名菜肴之一。

糖醋仔排用炸收的烹饪方法,属于糖醋味型。它琥珀油亮,干香滋润,甜酸醇厚,是一款极好的下酒菜或是开胃菜。

原料配比

主料:猪肋排 1000 克(见图 4-2)。

辅料:小葱 40 克、老姜 40 克。

调料:镇江香醋 200 克、白砂糖 150 克、老抽 20 克、料酒 40 克、排骨酱 40 克、盐 8 克、熟白芝麻 5 克。

工艺流程

(1)选用新鲜的猪肋排,要略微带点油的那种,烧出来的口感才会肥美。

(2)将排骨洗净后,按照肋骨间隔切成条状,再将其剁成 3 厘米的段(见图 4-3)。

(3)将砍好的排骨,加盐和料酒腌制 20 分钟,

图 4-2

使其入味。因糖醋在咸味做底味(烹前调味)的情况下才会更加酸甜可口。

(4) 将腌制过的排骨入 7 成热(约 200℃)的油锅中炸至金褐色,时间不宜过长(约 1 分钟),起壳为好,这样的排骨吃起来口感香脆(见图 4-4)。

图 4-3   图 4-4

(5) 锅内加入葱姜、排骨酱煸炒至香(见图 4-5),加入料酒、老抽、热水,汤汁盖过原料的三分之二,再加少许盐、少许醋和白糖,加盖小火焖煮 25 分钟(见图 4-6)。

图 4-5   图 4-6

(6) 25 分钟后,锅中的汤汁渐少,改成大火收汤。收汤汁的步骤非常关键,要用大火,但糖醋汁通常很容易糊锅。因此,要多晃动锅里的排骨,待汤汁粘稠时再加入剩余的香醋,继续翻动当汤汁包裹在排骨上时淋上少许清油增加光泽即可出锅。

(7) 装盘后,撒少许熟白芝麻即可(见图 4-7)。

菜肴特点

色泽红润,酸甜醇香,外酥内嫩,营养开胃。

制作要点

图 4-7

（1）炸好排骨后,应加入热水。因为加冷水会使味道不香,肉质收缩,蛋白质凝固而煮不烂,影响口感。

（2）最重要的就是糖醋的比例要掌握好,关键点是醋要最后放,酸的口味才能出来。

（3）排骨斩块要长短一致(约3厘米),大小均匀。

（4）排骨中的钙、镁在酸性条件下易被解析,遇醋酸后产生醋酸钙,可以更好地被人体吸收利用,因而可以在焖煮时略微加些香醋,提高本菜的营养价值。

营养与功效

糖:糖有润肺生津、滋阴、调味、除口臭、解盐卤毒、止咳、和中益肺、舒缓肝气等功效。适当食用还有助于提高机体对钙的吸收。

肋排:猪排骨具有滋阴润燥、益精补血的功效;适宜于气血不足,阴虚纳差者。排骨含有丰富的骨粘蛋白、骨胶原、磷酸钙、维生素、脂肪、蛋白质等营养物质,并提供血红素(有机铁)和促进铁吸收的半胱氨酸,能改善缺铁性贫血;具有补肾养血,滋阴润燥的功效;但由于猪肉中胆固醇含量偏高,故肥胖人群及血脂较高者不宜多食。

醋:烹调菜肴时加点醋,不仅使菜肴脆嫩可口,祛除腥膻味,还能保护其中的营养素。

知识小贴士

如何挑选排骨

排骨一般有两种,圆排和扁排。挑的时候看里面的骨头是圆的还是扁,通常扁排味道更香。排骨上的肉首先要新鲜;其次是要肥瘦较为均匀,这样做出来的排骨才嫩而肥美。挑选时注意肉的颜色不要太红(太红的可能含有瘦肉精),以粉红而且没有异味为好;用手指按下,能慢慢回弹回来的为新鲜。特别注意如果感觉很湿的不要选用,很有可能是冰冻后或者是注水的排骨。

举一反三

糖醋的烹调方法炸收,变化原料可以做陈皮牛肉,变化口味可以做五香豆腐干等。

教学重点

（1）掌握油温和原料油炸的老嫩程度。

（2）掌握收汁的尺度。

实例二　糟三样/Lees three(见图 4-8)

菜系：上海菜

工艺：糟

口味：咸鲜

菜品简介

糟是将加热成熟的原料浸泡入以盐、糟卤等调制成的卤汁中的一种腌泡法。糟制菜强调特殊的糟香味,成品质地鲜嫩。糟制品在低于 10℃的温度下食用口感最佳,所以夏天是糟菜热销旺季。上海最常见的糟菜有糟风爪、糟毛豆、糟门腔等。一般素菜用糟卤浸泡大约半小时以上,荤菜则需要浸泡两个小时以上。这样的糟菜口味清淡且有一种酒香味,风味独特。

图 4-8

原料配比

主料:猪尾巴 300 克、基围虾 200 克、毛豆节 200 克。(见图 4-9,图 4-10,图 4-11)

辅料:小葱 40 克、老姜 40 克、香叶 4 片、八角 2 个。

调料:香糟卤 400 克、白砂糖 20 克、盐 5 克、花雕酒 200 克、味精 5 克。

图 4-9　　　　　　　　　　图 4-10　　　　　　　　　　图 4-11

图 4-12

工艺流程

（1）选用新鲜的猪尾巴去除猪毛和污垢，新鲜的基围虾剪去虾须，毛豆节剪去头蒂。

（2）将猪尾巴焯水后洗净，锅中烧水，加葱姜、料酒、盐、味精大火烧开，转小火焖煮半小时，用过滤水冲凉洗净，再用熟菜砧板改刀成 2 厘米长的段备用（见图 4-12）。

（3）分别将基围虾和毛豆节煮熟备用（见图 4-13，图 4-14）。

（4）调制糟卤锅内加 500 克水加放入香叶、八角、葱姜、盐、味精等烧开即可，待冷却后

图 4-13

图 4-14

再加入香糟卤、花雕酒（见图 4-15）。再将制熟的猪尾、基围虾、毛豆节分别装到不同的盒子中加入调制好的糟卤汁浸泡（分装是为了防串味）。毛豆节浸泡大约 1 小时左右，虾和猪尾巴浸泡两个小时以上。

（5）待所有原料浸泡入味后，分别将猪尾巴、基围虾、毛豆节装盆堆放整齐，再浇上一些糟卤即可。

菜肴特点

清凉爽淡、满口生香、质地鲜嫩、风味独特。

制作要点

（1）选料一定要味感平和且新鲜，这样才能突出糟的香味。

（2）虾和毛豆煮到断生为宜，鲜嫩原料煮的过于酥烂，糟制成品后质感不佳。

图 4-15

（3）猪尾巴应在煮熟后再改刀，因为生的时候改刀会使皮收缩，影响整齐美观。

（4）开水将调味料化开后应充分冷却，再加糟卤；原料也应冷却后再加入糟卤中浸泡。温度高会促使糟卤的香味挥发，从而影响香味。

营养与功效

猪尾：猪尾有补腰力、益骨髓的功效。猪尾连尾椎骨一道熬汤，具有补阴益髓的效果，可改善腰酸背痛，预防骨质疏松；在青少年男女发育过程中，可促进骨骼发育，中老年人食用，则可延缓骨质老化、早衰。民间多用其治疗遗尿症。

基围虾：基围虾营养丰富，其肉质松软，易消化，对身体虚弱以及病后需要调养的人是极好的食物。虾中含有丰富的镁，能很好的保护心血管系统，可减少血液中胆固醇含量，防止动脉硬化，同时还能扩张冠状动脉，有利于预防高血压及心肌梗死。

毛豆：毛豆中的脂肪含量高于其他种类的蔬菜，但其中多以不饱和脂肪酸为主，如人体必需的亚油酸和亚麻酸，它们可以改善脂肪代谢，降低人体中甘油三酯和胆固醇含量。

知识小贴士

香糟卤的制作：香糟是用谷类发酵制成黄酒或米酒后所剩余下来的残渣（即酒糟）、干香糟不能直接用作调味，必须加工成香糟卤才能使用。香糟卤的一般制法是：香糟500克、绍酒2000克、精盐25克、白糖125克、糖桂花50克、葱姜100克搅拌均匀，再用一个布袋，把糟汁倒进布袋里悬空吊起，下面用一容器盛装由布袋滤出的卤汁即成。制成的糟卤应灌入瓶中塞上瓶塞，放入10℃左右的冰箱里保存，以防受热变酸。

举一反三

糟属于泡腌类的烹调方法，通过变化原料还可制作香糟门腔、香糟毛豆，也可将原料先炸后糟，制作糟带鱼、糟鲳鱼等。

教学重点

（1）掌握糟卤汁的制作方法。

（2）掌握浸泡的时间和温度。

实例三　烟熏乳鸽/Smoked pigeom(见图 4-16)

图 4-16

菜系：上海菜

工艺：卤、烟熏

口味：咸鲜味

菜品简介

　　烟熏菜是将腌制后的熟料(经过蒸、煮、卤、炸等熟处遵过程),用木屑、茶叶、柏枝、竹叶、花生壳、糖等燃料蔓燃时发出的浓烟熏制而成。熏菜有烟熏的清香味,色泽美观,食之别有风味。烟中含有酚、甲酚、醋酸、甲醛等物质,能掺入食品内部,起到抑制微生物的繁殖的作用。所以烟熏不仅能使食品干燥,而且有防腐作用,有利于食品的保藏。

原料配比

主料:乳鸽 2 只(见图 4-17)。

辅料:葱姜各 30 克、香叶 5 片、桂皮 2 段、八角 5 个、干辣椒 5 个、米饭 30 克、洋葱 1 个、茶叶 10 克。

调料:白糖 20 克、生抽 30 克、油 20 克、老抽 10 克、盐 5 克、味精 20 克、料酒 30 克。

工艺流程

(1) 将乳鸽宰杀洗净后加料酒焯水,之后冷水冲洗除去鸽子身上的细毛(见图 4-18)。

图 4-17

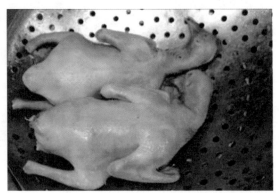

图 4-18

　　(2) 葱姜香料等(见图 4-19)炒香,加生抽、老抽、料酒等调制卤料(见图 4-20),烧开后将鸽子放入卤料,小火烧 5 分钟,然后关火焖 15 分钟,即可捞起晾干(见图 4-21)。

　　(3) 准备烟熏调料(见图 4-22),米饭、茶叶、白糖、香叶、洋葱;锅内加少许油,将香料煸炒均匀(见图 4-23),然后用锅架将鸽子置与烟熏香料上(见图 4-24)。

　　(4) 准备妥当后先开大火让其起烟,再加盖用小火熏 2~3 分钟(见图 4-25),至鸽子呈金褐色即可出锅(见图 4-26)。

　　(5) 将烟熏好的乳鸽改刀成块状(见图 4-27),用少许生菜叶装饰即可(见图 4-28)。

图 4-19

图 4-20

图 4-21

图 4-22

图 4-23

图 4-24

图 4-25

图 4-26

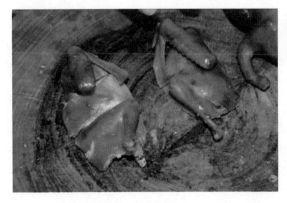

图 4-27

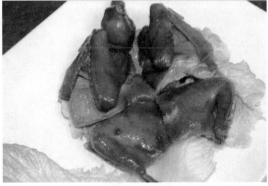

图 4-28

菜肴特点

色泽油亮、熏味干香、咸鲜适口、别有风味。

制作要点

（1）乳鸽较嫩不宜多烧，应烧开 5 分钟后关火，焖浸在卤水中让其入味（多煮则肉老，易烂）。

（2）卤汁最好用老卤，如果没有老卤，可用高汤或者鸡汤作为汤底，再加料卤制，这样乳鸽才更鲜美。

（3）烟熏的时间应控制在 2～3 分钟，烟熏的火不宜过猛，盛器应为镂空的细丝或者蒸笼，能让烟充分熏到鸽子的每个部位。

营养与功效

乳鸽营养丰富、药用价值高，是高级滋补营养品。其肉质细嫩味美，为禽类肉品之首。经测定，乳鸽含有 17 种以上氨基酸，氨基酸总和高达 53.9％，且含有 10 多种微量元素及多种维生素。因此，鸽肉是高蛋白、低脂肪的理想食品。乳鸽有很好的药用价值，其骨、肉均可以入药，能调心、养血、补气，具有防止疾病，消除疲劳，增进食欲的功效。乳鸽具有很高的营养价值，素有"一鸽胜九鸡"之称。

知识小贴士

如何挑选乳鸽：乳鸽应选体型较大而肥壮的，其特征：头顶稍平，眼环大而略松，眼睑（瞬膜）闪动迅速，炯炯有神，鼻瘤大，额宽，颈粗短，颈椎粗硬有力，毛色有光泽，胸骨末端与耻骨间距紧接，脚粗壮有力，胫骨粗而圆者为好。

举一反三

此菜的制作方法是熏，更换原料可以做烟熏鲳鱼、烟熏带鱼、烟熏鸡等等。但前两者是生熏，后者是熟熏。

教学重点

（1）要掌握好烟熏的时间和火候，短无香味，长则发黑。

（2）掌握卤制或腌制的口味。

实例四　肉松色拉卷/Meat salad roll(见图 4-29)

菜系:上海菜
工艺:卷
口味:咸鲜酸甜

菜品简介

　　冷菜的卷酿类菜肴的制法与热菜的酿相仿,但在选料和口味上略有差异。所谓卷是以一种大薄片状的原料卷包入一种或几种其他原料,成品质感风味丰富,造型别致。卷制冷菜的片状料常用紫菜、菜叶、蛋皮、萝卜、笋、牛肉、猪肉等,包卷在中间的原料多为色彩鲜艳、口感脆嫩或鲜香味浓的丝、条、茸状料。

图 4-29

图 4-30

原料配比

　　主料:鸡蛋 10 个、肉松 100 克、紫菜 10 克。

　　辅料:西火腿 100 克、黄瓜 100 克、蟹肉棒 100 克、日式大根 100 克。

　　调料:色拉酱 100 克、盐 5 克、生粉 5 克、色拉油 10 克。

工艺流程

　　(1) 鸡蛋加盐、水生粉、色拉油打匀,去浮沫,用平底锅小火煎蛋皮(见图 4-30),至两面煎熟(但不要煎老)备用(见图 4-31)。

　　(2) 黄瓜洗净,蟹肉棒蒸熟,再分别将黄瓜、大根、蟹肉棒、西火腿切成 3 毫米的丝备用(见图 4-32,图 4-33)。

图 4-31

图 4-32

图 4-33

　　(3) 将蛋皮摊平在砧板上,将切好的细火腿丝和黄瓜丝放到蛋皮上抹齐,放上一条肉松,挤上色拉酱,两边压紧同时向前推卷、包紧,在收口处再挤上些色拉,使其粘连(见图 4-34~图 4-36)。

　　(4) 将准备的其他原料按同样的方法摆齐在蛋皮上,另在蛋皮上铺上一层海苔,同样卷紧。海苔蛋卷可使层次更分明。将所有做好的色拉卷摆齐备用(见图 4-37,图 4-38)。

图 4-34　　　　　　　　　图 4-35　　　　　　　　　图 4-36

图 4-37　　　　　　　　　　　　　　图 4-38

（5）将做好的色拉卷改刀成菱形，装盘摆放整齐即可，最后可以根据客人口味在其上面多加些色拉（见图 4-39，图 4-40）。

图 4-39　　　　　　　　　　　　　　图 4-40

菜肴特点：色彩鲜艳、形状美观、清新嫩爽、酸甜适口。

制作要点

（1）打蛋时一定要打匀打碎，需在蛋液里加盐、加水和生粉，使蛋皮更有韧性，不易碎。煎蛋时用小火，一面熟后马上离火出锅翻转（煎老的蛋皮直接影响口感）。

（2）包卷时一定要压实、卷紧，收口时加色拉酱黏连，这样改刀时才不会松散。

（3）注意颜色的搭配，不同的色系应错开包卷，以起到赏心悦目的效果。

营养与功效

鸡蛋是人类最好的食物营养来源之一。鸡蛋中含有大量的维生素和矿物质及高生物价值的蛋白质。海苔中所含藻胆蛋白具有降血糖、抗肿瘤的应用前景,其中的多糖具有抗衰老、降血脂、抗肿瘤等多方面的生物活性。肉松含有丰富的维生素、矿物质和人体所必需的多种氨基酸。从营养学角度来讲,食物品种的多样性,更能满足人体每天所需的营养素需求,此菜品选材多样,营养丰富,口味独特,又能增加食欲,是一款上好的冷菜。

知识小贴士

卷制要点:卷的关键是原料之间要结合紧密,因为卷酿菜起码由两种以上原料组成,有些泥茸料较易摆弄,而有些带脆性的原料往往较难与低胚结合在一起,因此可以加色拉或者酱汁让其有粘性,在包卷或涂酿时易包得紧实,黏粘得牢固。

举一反三

根据此菜的制作工艺,还可以选用不同食材来开发新的冷菜,如可以制作"海鲜色拉卷"、"荠菜千张卷"或"素火腿"等。

教学重点

(1) 学会卷制和捆扎的技术。

(2) 掌握摊蛋皮技术,摊蛋皮时锅要热均匀,油要适量。

(3) 确保制作时的卫生环境。

实例五　上海酱鸭/Shanghai Duck in brown sauce(见图 4-41)

图 4-41

菜系：上海菜

工艺：酱、烧

口味：咸鲜微甜

菜品简介

酱鸭一直是大众所喜爱的一道家常冷菜,酱鸭往往分为两种,杭州人所说的酱鸭是用特制的酱油腌制再风干的一种腊制品,同类的制品还有酱肉、酱鸭舌、酱猪脸等。然而上海酱鸭是以新鲜草鸭为原料,经酱烧工艺烹制而成菜品。上海酱鸭延续了本帮菜浓油赤酱的特色,成品酱红透亮,味透肌里。主要选用南汇及奉贤等地养殖的草鸭。

原料配比

主料:南汇草鸭 1 只(1500 克左右)(见图 4-42)。

辅料:葱姜各 20 克、香叶 4 片、桂皮 2 片、八角 3 个、干辣椒 8 枚。

调料:老抽 30 克、生抽 10 克、料酒 20 克、冰糖 100 克、盐 5 克、味精 20 克。

工艺流程

(1)将草鸭从腹部开刀去除内脏清洗干净,拔去细毛,用盐在腹部内搓洗一遍,略微腌制,便于入味和去除鸭骚味。

(2)将鸭子加料酒焯水,去除浮沫和血水,冲洗干净,用少量老抽均匀地涂抹在鸭子的表面(见图 4-43),再烧一油锅至 6 成油温,将鸭子在油中炸 1 分钟左右将其捞出。

图 4-42　　　　　　　　　　　　　图 4-43

(3)锅内底油将准备好的葱姜香料一起在锅中用小火炒香(见图 4-44),依次加入料酒、老抽、生抽、冰糖,然后将鸭放入锅中,加水盖过鸭子的三分之二,大火烧开后转用小火,加盖焖煮。焖煮过程中将鸭子翻转数次,便于让露在汤汁上的部位也能入味。

(4)在小火加盖焖煮 40 分钟后,此时汤汁应剩余三分之一左右,然后转为中火开盖收汁(见图 4-45),不断地用勺子把锅内的汤汁淋到鸭子的表面,使其上色,同时不断地晃动锅仔,让

图 4-44　　　　　　　　　　　　　　　　　图 4-45

其受热均匀、防止粘锅。

（5）待汁水浓稠加入味精，鸭子呈枣红色时便可出锅，剩余的汤汁浇于鸭子上面，待鸭子冷却后改刀装盘即可。

菜肴特点

浓油赤酱、咸甜适中、芳香油润、鲜嫩味美。

制作要点

（1）收汁时是关键，注意一定要用中火或中小火。因为汤汁浓稠时容易粘底出现焦糊味或苦味，而且要将汤汁不断地浇于鸭子的表面，这样才能使鸭子上色入味。

（2）将焯好水的鸭子用酱油涂抹上色使其红亮，在油里炸一下使其烧制过程中不宜破皮，还能去除多余的油脂。

图 4-46

（3）鸭子捞出后，要待冷却后再改刀，这样可以保持鸭形完整；改刀时将鸭子切成宽 1 厘米、长 7 厘米左右的条状，然后将装盘并排放整齐。

（4）鸭子清洗时一定要去除鸭子尾部的骚腺，并用盐在腹内搓洗，焯水煮透，才能除去鸭子的骚味。

营养与功效

鸭肉中的脂肪酸熔点低，易于消化。所含 B 族维生素和维生素 E 较其他肉类多，能有效抵抗脚气病、神经炎和多种炎症，还能抗衰老。鸭肉中含有较为丰富的烟酸，烟酸是构成人体内两种重要辅酶的成分之一，对心肌梗死等心脏疾病患者有保护作用。

知识小贴士

如何挑选鸭子：肉质肥嫩的鸭子，羽毛丰润，肌肉坚实，两眼有神，翼下和脚部的皮肤柔软，胸骨突出不明显，胸脯丰满。如胸骨突出很高的鸭子，则其肉质较老。分辨鸭子的老嫩，可用手压住鸭嘴，若鸭嘴柔软的，应是较幼嫩的，毛色比较粗糙的是老鸭。老鸭一般用来煲汤，要想使鸭肉容易煲黏，可放些木瓜皮，因木瓜皮中的酵素，加速将鸭肉煲黏。

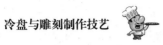

举一反三

依照此烹调方法可以变化主料、味型,还可以烹制酱乳鸽、酱猪手、五香酱猪尾等。

教学重点

(1)掌握调制酱汤的方法。

(2)掌握酱制时的火候。

实例六　挂霜腰果/The frosting of cashew(见图 4-47)

菜系：清真菜

工艺：挂霜

口味：甜

菜品简介

冷菜中的甜制品虽不多,但其全甜的口味迥然不同于其他任何菜。挂霜是小型原料经油炸成熟后,黏上一层似粉似霜的白糖,属糖黏类的一种烹调方法。挂霜多选用果仁类、水果类及少量肉类为原料。甜味本身能给人以满足感,加上香脆的果仁更能取得女士和小朋友们的喜爱。

图 4-47

原料配比

主料:腰果 1000 克。

调料:白砂糖 300 克。

工艺流程

(1) 将腰果 1 成油温下锅,油和腰果的比例应为 3∶1,小火慢炸 6~7 分钟左右,油温升至 4 层,能闻到腰果的香味,且腰果炸成金黄色即可捞出待用(见图 4-48)。

(2) 将白砂糖放入锅中加小半勺水,烧开后小火将糖熬化,气泡由大变小且密(见图 4-49)。

图 4-48

图 4-49

(3) 不停地搅拌融化的糖水,待温度熬到 150℃~160℃ 时就是挂霜的最佳时机。将腰果倒入熬好的糖水中,迅速地翻锅,把糖水和腰果迅速翻匀,不要让腰果粘连(见图 4-50)。

(4) 把腰果倒出在事先准备的不锈钢盘中,再用勺子把其推散,再不断地震动不锈钢盘让腰果不要粘连在一起。待冷却后腰果变得雪白如霜时,即可装盘(见图 4-51)。

菜肴特点

口感香脆、雪白如霜、益智补脑、口味绵甜。

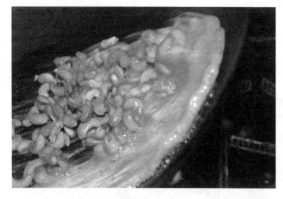

图 4-50

图 4-51

制作要点

(1) 腰果炸好尽量在短时间内完成熬糖的步骤,因为冷却后的腰果会使糖液迅速凝结,从而不易打散腰果。

(2) 糖水的比例很关键,水多则原料挂不上糖浆,水少则糖溶化后不起霜。

(3) 油炸腰果时注意火候,查看其含水量,从而判断油炸时间,一般含水量多则气泡大,含水量少则气泡小,油炸出锅前应在想要的颜色之前把腰果捞出,因为到了想要的颜色后出锅,余温会把腰果的颜色变得更深。

(4) 糖的熔点在 186℃～187℃,挂霜是在拔丝的前一步,温度在 150℃～160℃,过了则成拔丝,温度不到则不起霜,可以借助红外温度仪测温。如肉眼观测则应在大气泡转为小气泡,且小气泡逐渐变小变稠密,糖浆微微变黄时下锅为最佳时机。

营养与功效

腰果中的某些维生素和微量元素成分有很好的软化血管的作用,对保护血管、防治心血管疾病大有益处;腰果含有丰富的油脂,可以润肠通便,润肤美容,延缓衰老;经常食用腰果可以提高机体抗病能力、增进性欲,使体重增加。

知识小贴士

如何挑选腰果:挑选外观呈完整月牙形,色泽白、饱满,气味香、油脂丰富、无蛀虫、斑点者为佳;而有黏手或受潮现象则表示鲜度不够。腰果应存放于密罐中,放入冰箱冷藏保存,或放在阴凉、通风处,避免阳光直射。

举一反三

依照此烹调方法,变化主料,还可以烹制糖粘桃仁,糖粘花生,如使用挂糊糖粘的话可以制作糖粘排骨等。

教学重点

(1) 掌握炸腰果时的油温,需要用温油。

(2) 掌握熬糖时的火候。

实例七 酱香顺风冻/Sauce pig ear frozen(见图4-52)

菜系：上海菜

工艺：煮、冻

口味：咸鲜味

菜品简介

顺风冻是上海常见的一款冷菜,顺风即猪耳,因层次比较分明此菜也叫"顺风千层冻"。冻是指将成熟的原料加上明胶或琼胶汁液冷却结冻成菜的一种制法。它先用煮、蒸、氽、滑油、焖烧等热菜的烹调方法,而成品必须冷却后食用。所用的明胶蛋白质主要取之于肉皮,琼胶则取之于石花菜或其制品琼脂。菜肴冻结后形成特殊的味道、色泽、形态和质感。

图4-52

图4-53

原料配比

主料:猪耳1000克(见图4-53)。

辅料:葱姜各20克。

调料:老抽15克、料酒20克、白糖30克、盐2克、味精20克。

工艺流程

(1)将猪耳朵洗净,用镊子拔去细毛,加料酒焯水,用刮刀刮去耳朵的污物和死皮。清洗干净锅底垫竹网,加葱姜、料酒、老抽、白糖、盐,加水盖过猪耳的三分之二,再加盖焖煮(见图4-54,图4-55)。

图4-54

图4-55

(2)烧开后加盖,小火焖煮45分钟。此时猪耳柔软、酥而不烂。烧制过程中应撇去浮油,如汤汁还多,应中火开盖收汁,留少量汤汁至粘稠,用勺子挖起倒出能拉出一条线为好。最后

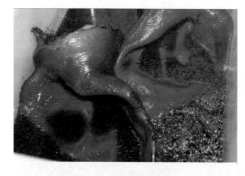

图 4-56

加入味精,出锅冷却(见图 4-56)。

(3)待猪耳微微冷却后,改刀去耳根部位的肥肉留脆骨,斜刀沿脆骨改成大片,皮向下铺平在一个保鲜盒中,再一层一层地将猪耳铺平压实(见图 4-57,图 4-58,图 4-59)。

(4)剩余汤汁冷却后会有一层浮油,应去除。再将汤汁加热后浇入保鲜盒,然后压紧使得猪耳的层次紧实。待自然冷却后放入冰箱冷藏(见图 4-60)。

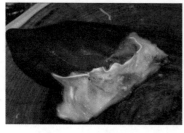

图 4-57

图 4-58

图 4-59

(5)在 5℃冰箱冷藏 6 小时,冻结凝固,修去边缘,改刀成 7 厘米长、4 厘米宽、0.3 厘米厚的片,装盘成桥型即可(见图 4-61,图 4-62)。

图 4-60

图 4-61

图 4-62

菜肴特点

层次分明、酱香浓郁、弹性十足、味鲜软滑。

制作要点

(1)煮猪耳时应加足够的水,不宜中途加水,如汤汁提前烧干也只可加热水,加冷水会让蛋白质凝固,口味和结冻都受影响。

(2)煮肉过程中应不断地撇去浮油,小火烧制让其汤清而不浑,大火易让汤汁中脂肪乳化,从而使冻的透明度不高。

(3)装入保鲜盒后应加重物压紧压实,让耳朵充分粘连,这样改刀时就不易松散。

(4)如原汤不够粘稠,可以加一些琼脂,或者烧的时候加些肉皮或鸡爪同煮,增加胶原蛋白。

营养与功效

猪耳含有蛋白质、脂肪、碳水化合物、维生素及钙、磷、铁等,具有补虚损、健脾胃的功效,适用于气血虚损、身体瘦弱者食用,含丰富的胶原蛋白,脆骨含钙质,是美容补钙的佳品。

知识小贴士

冻菜除一些荤菜以外,还可以做一些蔬菜冻。如南瓜冻、木瓜冻等。根据需要还可以调制不同的颜色和口味,如双色木瓜冻可以放牛奶和可可粉均为甜味。如水晶冻鸡则做透明清汤。冻菜还可以塑造成不同的形状,如水晶鱼冻利用鱼形的磨具,扣出鱼的形的鱼冻。做水晶菜一般胶质浓度不宜太高,成品以能结冻、不塌为原则,浓度过高则质地硬,口感不佳。

举一反三

依照此菜的烹调方法,变化原料都可以制作出多样菜肴,如羊羔冻、黄豆猪尾冻等;变化口味可以制成水晶鸡冻、水晶虾仁冻等。

教学重点

(1)熬冻时烧开后必须用小火长时间熬制。

(2)汤烧开要及时撇去浮沫和浮油,保持冻清。

实例八　金丝拌青笋/Gourd toss lettuce(见图 4-63)

图 4-63

菜系：上海菜

工艺：拌

口味：咸鲜味

菜品简介

　　拌是把生的原料或晾凉的熟原料，经切制成小型的丁、丝、条、片等形状后，加入各种调味品，然后调拌均匀的做法。拌制菜肴具有清爽鲜脆的特点。拌制菜肴的方法很多，一般可分为生拌、熟拌、生熟混拌等。生拌的主料多用蔬菜和生料经过洗净消毒(有的用盐爆腌一下)、切制后，直接加调味品，调拌均匀。如拌西红柿、拌黄瓜、拌海蜇皮等。熟拌是原料经过焯水、煮烫成熟后晾凉，改刀后加入各种调味品，调拌均匀。如拌肚丝、拌三鲜、拌腰片等。

　　原料配比

　　主料：莴笋 500 克、金瓜 500 克。

　　调料：葱油 5 克、芝麻油 5 克、盐 5 克、味精 5 克。

　　工艺流程

　　(1) 将金瓜一切为二，去除瓜瓤内的瓜子和絮状物，上笼蒸 15 分钟，用净水冲凉，然后用勺子将其丝掏出，再用净水漂洗干净，沥干水分待用(见图 4-64，图 4-65，图 4-66)。

图 4-64

图 4-65

图 4-66

　　(2) 将莴笋去叶去皮，刨去肉上老筋，切成 2 毫米粗细 7 厘米长的细丝(见图 4-67，图 4-68)。

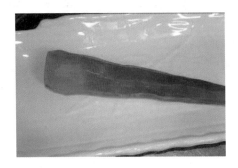

图 4-67

图 4-68

（3）莴笋切丝后用盐略微捏下,腌出莴笋的苦水,挤干后用芝麻油、盐、味精拌成咸鲜味备用(见图 4-69)。

（4）金瓜丝漂洗干净,轻轻地挤去水分,用葱油、盐、味精拌成咸鲜味备用(见图 4-70)。

图 4-69

图 4-70

（5）装盘用圆形的模具把金瓜丝打底,铺平后再在金瓜丝上面铺上莴笋丝,略微压实,慢慢地把模具向上拔起,在圆柱形旁边做些盆饰即可(见图 4-71,图 4-72)。

图 4-71

图 4-72

菜肴特点

刀工精细、层次分明、脆嫩清爽、清香鲜醇。

制作要点

（1）蒸金瓜时把握好时间,时间短则金瓜丝难以扒下,时间长则酥烂。也可以采用水煮的方法,看见金丝脱落就可以离火。

（2）莴笋刨皮应去除老筋,刀工要求粗细一致,加少许盐腌制去除苦水,腌制后也可以再将莴笋丝用净水冲洗一遍。

（3）金瓜丝与莴笋丝都是脆嫩的原料,含水量很高,加盐拌制后应马上上桌食用,时间长了会有汁水流出,影响美观及口感,应现拌现用。

(4)装入模具后应轻轻挤压金瓜丝、莴笋丝,不能太重则不然会粘成一团且出水,影响美观。

营养与功效

莴笋味道清新且略带苦味,可刺激消化酶分泌,增进食欲;可增强胃液、消化腺的分泌和胆汁的分泌,从而促进各消化器官的功能,对消化功能减弱、消化道中酸性降低和便秘的病人尤其有利。

金瓜是西葫芦的一个变种。瓜肉呈丝状,如粉条,清脆爽口,有"植物海蜇"的美名。且高钾低钠,低热值,对保护血管、维持正常血压有益。这是一道利尿、护肾、降压、减肥的保健菜肴。

知识小贴士

各种凉拌菜使用的调料和口味要求各具特色。如糖拌西红柿口味甜酸,只宜用糖调味,而不宜加盐;拌凉粉口味宜咸酸清凉,没有必要加糖和味精,只须加少许醋、盐。生拌凉菜必须十分注意卫生,因为蔬菜在生长过程中,常常沾有农药等物质。所以应冲洗干净,必要时要用开水和高锰酸钾水溶液冲洗。此外,还可用醋、蒜等杀菌调料。如系荤料,更应注意排除寄生虫的存在。

举一反三

依照此菜的烹调方法,变化原料和变化口味都可以制作出好多菜肴,如凉拌金针菇,拌黄瓜,变化口味可以拌香辣味、芥末味、酸甜味、麻辣味、鱼香味等。

教学重点

(1)严格要求刀工技术,原料需粗细均匀。

(2)掌握好调味料的投放时间。

实例九 本帮熏鱼/Shanghai explosion fish(见图4-73)

菜系：上海菜

工艺：炸氽、卤

口味：咸鲜甜

菜品简介

图4-73

熏鱼又称"爆鱼"，上海人称之为熏鱼，其烹调方法中并无烟熏，但是在传统的做法中是腌制好之后，直接用烟熏熟的，故称之为熏鱼。现在已经找不到这种做法了，现做法是先炸后卤。冷菜中炸氽一般是指原料脱水之后产生香脆质感的一种烹调方法，原料事先调味与否均可，炸脆之后再经调制的香料卤汁快速卤制入味即可。其特点是外脆内酥，味透肌里。

原料配比

主料：草鱼1000克(见图4-74)。

辅料：葱姜各30克、香叶5片、桂皮2段、八角5个、干辣椒5个(见图4-75)。

调料：冰糖50克、麦芽糖50克、生抽30克、老抽10克、盐5克、味精20克、海鲜酱10克、料酒30克。

工艺流程

(1) 将草鱼宰杀洗净，去头、尾，延龙骨对开，斜片改刀成2厘米的厚片，加少许葱姜汁、老抽、盐略微腌制

图4-74

上色备用(见图4-76，图4-77)。

图4-75

图4-76

图4-77

(2) 炒锅加少许油将葱姜、辣椒炒香，加入生抽、海鲜酱、老抽、料酒炝锅，加水1千克左右，再加入除味精外的其他调料，然后将卤料大火烧开，小火开盖熬制，让香料和调料的香味充分融入到卤料中，在卤制爆鱼前再加入味精(见图4-78)。

(3) 锅内加半锅油，油温烧制180℃时，将事先腌制的鱼片沿着锅边放入油锅内，逐一投入防止粘连，下锅时应先用大火使其鱼片起皮，再用小火炸去多余水分，

图4-78

待油锅中气泡由大转小,且颜色为金红色时即可捞起(见图4-79,图4-80,图4-81)。

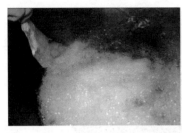  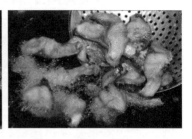

图4-79　　　　　　　　　　　图4-80　　　　　　　　　　　图4-81

（4）卤料应熬制到略微粘稠、咸甜适中为宜,且始终保持微沸状态,将捞起的鱼片投入卤料中翻滚均匀,因油炸使鱼的水分变得较少,所以鱼片在卤汁中充分吸收入味,在投入卤汁后10秒左右即可将鱼片捞出(见图4-82,图4-83)。

图4-82　　　　　　　　　　　　　　　　　　图4-83

（5）将炸好的熏鱼改刀装盘即可,也可再淋上些卤汁增加其光泽(见图4-84)。

图4-84

菜肴特点

外脆内酥、味透肌里、咸甜适口、香味浓郁。

制作要点

（1）鱼片要有一定的厚度,口感才会外脆内酥。如果薄了鱼片在炸的时候容易碎,且口感不佳。

（2）草鱼必须新鲜宰杀,腌制的时间也不宜过长,应在30分钟内,时间长了会使鱼肉不酥松。

（3）炸鱼时应尽量分散单片下锅,锅中鱼会有所粘连,应在鱼基本定型后再用漏勺将其抖开,如鱼未起皮抖动会将鱼抖散影响成品美观。

（4）炸好鱼片投入卤汁应快速使其翻滚均匀捞出,因为时间长了会使鱼片失去脆性。

营养与功效

草鱼含有丰富的不饱和脂肪酸,对血液循环有利,是心血管病人的良好食物,且含有丰富的硒元素,经常食用有抗衰老、养颜的功效,对肿瘤也有一定的防治作用;对于身体瘦弱、食欲不振的人来说,草鱼肉嫩而不腻,可以开胃、滋补。

知识小贴士

如何挑选草鱼：草鱼一般挑选体型较大的为好，大一点的草鱼肉质比较紧密，较小的草鱼肉质太软，口感不佳。体型修长的为雄鱼，利用率较高，而雌鱼肚子较大，分量重且利用率不高。一般挑选以活鱼最好，其次要选鱼鳃鲜红，鱼鳞完整，鱼眼透亮则新鲜度较好。

举一反三

依照此菜的烹调方法，变化原料可以制作出油爆鲹鳊鱼、油爆鲈鱼等、变化口味可以制作香辣味、酸甜味、鱼香味等。

教学重点

（1）掌握好炸制时油温和火候。

（2）掌握好原料的大小，大则不透、小则容易焦。

实例十 蒜泥白肉卷 Sliced boiled pork with garlic sauce(见图 4-85)

图 4-85

菜系:四川菜

工艺:白煮、卷

口味:咸鲜味

简介

蒜泥白肉是四川名菜之一,此菜要求选料精,火候适宜,刀工好,佐料香。食时用筷拌着吃,一股酱油、芝麻油、辣椒油和大蒜组合的浓郁香味扑鼻而来,使人食欲大增。它的原形是"白肉","白肉"的发源地却是在满族同胞聚居之地东北。冷菜中的白煮是指将大件的原料在不加咸味的汤汁中煮熟,取料而不用汤,冷却后经改刀装盘的一种烹饪方法。其特点是白嫩鲜香,本味俱在,清淡爽口。四川人在白肉的烹饪基础上加以蒜泥调味,不仅使白肉更好吃,而且营养价值也更高。

原料配比

主料:五花肉 1000 克(见图 4-86)。

辅料:葱姜各 20 克、大蒜 100 克、黄瓜 100克、京葱 100 克。

调料:老抽 5 克、生抽 20 克、料酒 20 克、白糖30 克、盐 2 克、味精 20 克、辣子红油 30 克、香油10 克。

图 4-86

工艺流程

(1) 将五花肉焯水后洗净,烧开半锅水放入葱段、姜片、料酒、五花肉加盖烧开后小火炖煮 20 分钟,熄火让五花肉焖 30 分钟。捞出冷却备用(见图 4-87)。

(2) 将大蒜剁成泥,加老抽、生抽、味精、白糖、盐、辣油、香油调拌均匀。

(3) 分别将黄瓜和京葱洗净后,切成 7 厘米长的段,黄瓜去籽,京葱去芯,将其改成 2 毫米细丝,备用(见图 4-88)。

图 4-87

图 4-88

（4）待五花肉冷却后、将其改刀成1－2毫米厚的薄片。肉皮有弹性，切时应肉皮朝下，才不易卷曲（见图4-89，图4-90）。

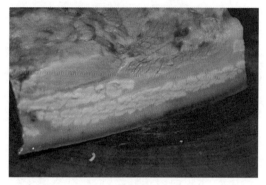

图 4-89　　　　　　　　　　　　　　　　　　　图 4-90

（5）分别将黄瓜丝和京葱丝各10根左右卷入五花肉片中，卷紧，外圈边缘压在下方（见图4-91，图4-92，图4-93）。

图 4-91　　　　　　　　　　图 4-92　　　　　　　　　　图 4-93

（6）待所有肉卷卷制完成后，将长出肉卷的葱丝和黄瓜丝修齐，摆放整齐后浇上事先调制好的蒜泥红油汁即可（见图4-94，图4-95）。

图 4-94　　　　　　　　　　　　　　　　　　　图 4-95

菜肴特点

咸鲜肥美、蒜香浓郁、肥而不腻、爽脆嫩滑。

制作要点

（1）京葱黄瓜与肉片搭配，既有利于补充营养，又可以让蒜泥白肉吃起来爽脆嫩滑。

（2）煮肉时一定要先煮后焖，断生关火焖能最大程度的让煮肉保存肉汁，使猪肉吃口鲜嫩多汁。

（3）选料时应选择肥瘦比例平均且层次分明的五花肉，瘦则柴，肥则腻。

（4）刀工处理时刀要锋利，才能切出厚薄均匀的肉片，口感才会油而不腻。

营养与功效

五花肉（又称肋条肉、三层肉）位于猪的腹部，猪腹部脂肪组织很多，其中又夹带着肌肉组织，肥瘦间隔，故称"五花肉"。这部分的瘦肉也最嫩且最多汁。每 100 克可含高达 29 克的蛋白质，含脂肪 25 克。经煮炖后，猪肉的脂肪含量还会降低。猪肉还含有丰富的维生素 B1，可以使身体感到更有力气。猪肉还能提供人体必需的脂肪酸。猪肉性味甘成，滋阴润燥，可提供血红素（有机铁）和促进铁吸收的半胱氨酸，能改善缺铁性贫血。

知识小贴士

如何挑选五花肉：五花肉肥瘦均匀，层次分明，有光泽，脂肪洁白，肌肉红色。外表微干或微湿润，不粘手。指压后凹陷立即恢复。具有鲜猪肉的正常气味。肉汤透明澄清，脂肪团聚于表面，具有香味；次鲜猪肉的肌网色稍暗，脂肪缺乏光泽。外表干燥或粘手，新切面湿润。指压后的凹陷不恢复或不能完全恢复。有氨味或酸味。肉汤稍有混浊，脂肪成小粒浮于表面，无鲜味。

举一反三

依照此菜的烹调方法，先白煮后调味焦料或拌，变化原料可以制作出红油猪耳、夫妻肺片等，变化口味可以制作香辣味、麻辣味、鱼香味等等。

教学重点

（1）掌握好煮肉的时间，时间长则肉老。

（2）掌握好刀工，太薄则无肉感，厚则不宜卷起。

第二篇
食品雕刻

第五章　食品雕刻概论

本章阐述了食品雕刻的概念、类型和表现形式，并介绍了雕刻的刀具、常用手法和成品保存方法，以使学员对食品雕刻有一个概括的了解。

第一节　食品雕刻的概念

食品雕刻是指利用特殊专用刀具，采用各种雕刻技法，将某些烹饪原料雕刻成各种造型优美、寓意吉祥的花卉、兽禽、鱼虫、景观、人物等具体实物形象的一门雕刻技术。

一、食品雕刻的由来

食品雕刻发源于中国，是将我国传统牙雕、木雕、石雕、玉雕和木刻等工艺美术的造型方法和技巧运用到食品上的一项传统技艺，是悠久的中华饮食文化孕育的一颗璀璨明珠，其历史源远流长。在我国古代敬神、祭祀等场合中，就已经出现了用来点缀和美化供品的简单果蔬雕刻，这就是果蔬雕刻的雏形。

食品雕刻的出现可追溯到春秋时期。最初的食品雕刻是雕卵，即在蛋的外壳上刻画图案。在《管子》、《荆楚岁时记》、《玉烛玉典》等书中均有这方面的记载；到了隋唐时期，食品雕刻开始流行，取材范围不断扩大，雕刻的种类也变得多样化，有了蔬菜雕，瓜果雕之分。人们还在酥油，酥酪、脂油上进行雕刻。据唐昭宗(公元889~904年)所著《岭表录》中有"京辇豪贵家订盘筵，怜其远方异果。肉其厚，白如萝卜，南中女子竞取其肉雕镂花鸟、浸之蜂蜜、点以胭脂、擅其妙巧，亦不让湘中人镂木瓜也"记载。从这段文字中可以明显看出，在当时宴席使用的菜肴中已用了食品雕刻技术，这种雕刻方法就是浮雕、镂空雕。在1000多年前的宋朝也有诗作赞扬州的瓜雕(见图5-1)："练厨朱生称绝能，昆刀善刻琅环青，仙翁对奕辨毫发，美人徒倚何嫣婷。"

"石壁山兔岩入雾，涧水松风似可听"使食品雕刻精美的刻工与立意的新奇在诗中得到了淋漓尽致的表现，可见当时的食品雕刻已经达到了相当精美的程度；宋代，食品雕刻的原料扩大到了蜜饯等食品，其造型有植物，亦有动物。南宋时期，食品雕刻渐渐与人们的生活连在一起，雕花技艺也已

图 5-1

兴起；明清时期，食品雕刻已发展到一个更高的层次，人物、禽鸟、花卉、鱼虫等雕刻大量出现，特别是瓜雕，出现了"扬州瓜灯"，在当时极为时兴。清朝时，食品雕刻正式进入宴席，不仅可供欣赏，而且成为装饰艺术品。所谓清宫中的"吃一、看二、观三"，就有食品雕刻的内容。民间的各种祭祀中也有食品雕刻的踪影，最著名的是嘉庆年间扬州席上的"西瓜灯"，其制法是将西瓜镂空（见图5-2）。利用西瓜外皮的绿色，内皮的白色，瓜瓤的红色，分层刻出蝴蝶等图案，瓜内放入蜡烛，空气流动、烛光闪闪、彩蝶飞舞、呼之欲出，煞是好看。清代《扬州画舫录》中记载着"取西瓜镂刻人物、花卉、鱼虫之戏，谓之西瓜灯"。乾隆年间，以盅灯结合、图环并茂的"御果园"标志着食品雕刻技艺达到了新的高度，成为中国古代食品雕刻的鼎盛时期；中国的食品雕刻在海外颇有影响，早在1986年，中国首次参加法国巴黎世界烹饪大赛就因食品雕刻而夺得金牌，日本及东南亚的一些国家和地区接受较早，目前仍十分风行，海外的

图 5-2

中餐几乎是每菜必有刻，每宴必有雕。欧美一些国家也相继效仿，千帆竞发，名扬海外。

近年来，随着人民生活水平和文化水平的提高、中外文化的交流、饮食行业知识结构的优化和企业从业人员素质的提高，食品雕刻原料取材越来越广，运用范围也在不断扩大，表现的手法更加细腻逼真，设计制作更加精巧，艺术性更高。特别是改革开放以来，食品雕刻在传统基础上，经广大食品雕刻从业人员的不断探索与创新，呈现了百花齐放、姹紫嫣红的局面，琳琅满目的雕刻——果蔬雕、琼脂雕、冰雕、面塑雕、泡沫雕、黄油雕、巧克力雕等，在中式餐饮筵席上争奇斗艳，添光溢彩（见图5-3）。

今天的食品雕刻被越来越多的厨师所青睐、所使用，不但被放在盘中作为点缀或作为容器盛放食物，而且还作为艺术品放在菜肴之间，美化宴会环境，振人食欲，使进餐者在饱尝口福之余，还能得到美的享受。所有这些都繁荣和发展了烹饪文化。无论在小的餐馆，还是在大的酒店举办的宴会、展台及各种各样的节日庆典，甚至规格高雅、隆重恢弘的国宴上，都有精美异常、栩栩如生的食品雕刻作品跃然桌上，起到了活跃宴席气氛，提高宴席档次的作用。

图 5-3

二、食品雕刻在当代烹饪中的作用

中国烹饪历来讲究色、香、味、形、质、意俱全。我们烹制的菜品不仅要注重营养、味道、质感等，还要重视菜品的造型、色彩和意境等视觉审美因素，也就是我们所说的菜品"卖相"。食品雕刻是在追求烹饪造型艺术的基础上发展起来的一种点缀、装饰和美化菜品的应用技术。

（一）装饰美化菜肴

装饰美化菜肴食品雕刻艺术应用于烹饪的重要作用在于渲染气氛、增进食欲。

1. 点缀装饰（见图5-4）

即以小型食雕作品作为盘饰点缀菜点，弥补菜点色形的不足或提升菜点档次。如以果蔬雕刻或面团捏塑花鸟鱼虫等小型食雕作品去装饰菜点，可以使色彩和谐统一，形态美观大方。

2. 盛装菜点

此类作品多为中型食雕，常用于高级宴席。如以西瓜盅、椰子盅盛装甜羹，冬瓜盅、萝卜盅盛装汤菜、酱汁，冰雕作品盛放刺身食品，巧克力模型盛装西点、蛋糕、炸制品，龙船、花篮等果蔬雕刻作品盛放热菜等等，都为本身平淡无奇的菜点添了一抹靓色。

图 5-4

图 5-5

3. 寓意于菜（见图5-5）

此类食雕作品往往与菜点配合，共同营造出一种人文意境，为餐饮经营者发掘饮食文化提供了一条可资借鉴的蹊径。如以果蔬雕或面塑、糖塑人物配以菜点的作品就有：依历史典故或神话传奇取名的"太公钓鱼"、"西施豆腐"、"哪吒闹海"、"天女散花"等；一些特色宴席如"九龙宴"、"百寿宴"、"龙凤宴"等，以及菜点组合如"百鸟朝凤"、"大展鸿图"、"金秋硕果"等。其食雕作品所发挥的作用便不仅限于点缀装饰，更使菜点文化内涵得以充分地表达，于美食美形之外，更赋之美意。

（二）营造宴席氛围

高级宴席上，为烘托气氛、营造环境以提升宴席档次及品味，多使用大型食雕作品，如"龙飞凤舞"、"鸳鸯戏水"、"佳偶天成"等作品用于婚宴；"八仙拱寿"、"麻姑献寿"等作品用于寿宴；"月满情圃"、"嫦娥奔月"等作品用于中秋赏月宴；"迎春纳福"、"年年有余"、"福禄寿三星"等作品用于春节团年宴；"一帆风顺"、"华夏开新"等作品用于开张喜庆宴；"圣诞雪山"、

"圣诞木屋"等作品用于圣诞狂欢宴等等。此类作品由于切中宴席主题,故使宴席主题得以淋漓尽致地发挥(见图5-6)。

为了使雕刻出的艺术作品达到预期的效果,在雕刻之前应注意以下几点要求:

1. 了解宴会形式

宴会的形式多种多样,简单的可分为祝寿宴、庆功宴、聚会宴、家宴,国际交往中的国宴,贸易往来的工作宴及大型酒会,等等。

主要了解了宴会的形式,就可以刻制出与宴会形式相适应的雕刻作品,来烘托宴会气氛,如:祝寿宴可以刻制"松鹤长春"、"老寿星"等,"喜庆宴"刻制"龙凤呈祥"、"鸳鸯戏水"、"孔雀牡丹"等;庆功宴刻制"雄鹰展翅"、"骏马奔腾",等等。

2. 了解客人的风俗习惯

随着改革开放的深入,我国与国际间的交往越来越多,这就需要我们更多地了解不同国家和地区人民的生活习惯,风土人情,宗教信仰,喜好,忌讳等,以便因客而异,刻制出客人喜爱的作品。

3. 突出主题

为了避免食雕作品的杂乱无章,在雕刻前应首先确定主题,构思出所要雕刻的作品的结构、比例 、布局等,确保主题突出,同时又要考虑到一些附加作品的陪衬作用,如"百鸟朝凤"作品的"百鸟","孔雀牡丹"中的"牡丹花",等等。附加作品不要牵强附会,胡拼硬凑,以免画蛇添足,起不到画龙点睛的作用(见图5-7)。

图 5-6

图 5-7

4. 精选原料与因材施艺

选料对食品雕刻作品的成败是至关重要的。在选料时，不但要选择质优色美的原料，而且还要在原料的形体方面加以考虑。一般讲原料的形状与作品形象大体相近似，雕刻起来就比较顺利；另外对一些形状奇特的雕刻原料，应充分发挥作者的想象力，开阔视野，因材施艺，以便物尽其用，创作出新奇别致的艺术作品（见图 5-8）。

（三）现场广告宣传

牛油雕塑、面塑、糖粉模型、巧克力模型等质地稳定、不易变质，可制成大型橱窗模型以营造餐厅文化氛围、餐厅经营思想，体现职业学校烹饪专业教学方向。如体现拼搏向上精神的"雄鹰展翅"、"龙腾虎跃"、"骏马奔腾"等作品，体现团结协作精神的"众志成城"、"八仙过海"、"桃园结义"等作品，宣扬传统文化的"龙凤呈祥"、"金龙

图 5-8

献瑞"等作品，体现乡土气息的"农家欢歌"、"水车小屋"等作品，以及异域风情的"老爷车"、"卡通人物"，等等。此类作品多立意于企业形象设计，除宣扬企业、学校文化外，更能体现企业、学校员工的水准。

三、食品雕刻在宴会中的使用

（一）看盘的作用

雕刻作品，是与凉菜一起先上桌的，是客人一入席即先睹为快。在数盘凉菜之中，放一件与宴席主题相得益彰的食雕作品与各种不同颜色、口味、形状的凉菜融为一体，互相衬托，令客人刚入席就进入欢乐的气氛，客观上也很自然地提高了宴席的档次（见图 5-9）。

（二）食品雕刻在凉菜中的使用

根据凉菜的质、色、味、形、器，可上雕刻与凉菜相适应的物象，如"白斩鸡"可雕刻一只站立的雄鸡；"熏鱼"、"五香鱼条"可雕刻一条欲要蹦出的鲤鱼；"盐水虾"，可配一只雕刻得栩栩如生的大虾等。这样，既提高了凉菜的档次，增加了凉菜的色彩，又给客人增添了乐趣。如果是个大的冷拼盘，可

图 5-9

用雕花加以点缀，即为锦上添花。

图 5-10

（三）食品雕刻在热菜中的使用

食品雕刻使用于热菜中，不仅可以为热菜增辉添色，提高档次，而且可以改变菜肴的名称，如"盐水大虾"、"烤大虾"，成菜上席也只能报此名。但若配以食雕"宝塔"或"花篮"，不仅令人愉快，而且菜名也变得更加悦耳贴切了，即变成"群虾戏宝塔"，是将虾按不同的姿态，用牙签合理装在宝塔周围，不仅显得体积大，而且虾也显得活起来。如用"花篮"，菜名就变成了"群虾戏花篮"，使客人可以边食用，边观赏，含义也广泛（见图 5-10）。

（四）食品雕刻在水果盘中的使用

宴席一般要上 1～2 道水果盘，食雕在水果盘中的使用可分为两类：一是为水果盘作点缀，只供观赏，如点缀果盘增加情趣；二是食用、观赏、盛器三位一体。如蜜瓜雕刻的荷花盛器等，都很受客人欢迎。

四、食品雕刻的"三性"

（一）文化性

坚持体现先进文化的定位，不断增强自身的文化底蕴，提高食品雕刻作品的文化品位，营造优美的文化氛围。食文化是人类文化的重要组成部分，食雕文化是食文化中的明珠，对整个食文化起着美化、点化、提高档次、营造优美氛围的作用（见图 5-11）。

（二）民族性

在食品雕刻创作中，大力弘扬中华民族文化的博大精深，同时持续发掘各民族文化的独特意韵，创作出一系列具有中华民族文化特色的食雕作品。

（三）现代性

力求与时俱进，不断创新，使食品雕刻作品达到传统与现代的完美结合。

图 5-11

五、怎样才能学好食品雕刻

（一）培养兴趣

俗话说，兴趣是最好的老师。如果一个厨师对食品雕刻兴趣十足，就不会把学习雕刻当作一种负担，一项任务，而是当作一种乐趣、一种享受，就会充分利用时间去思考、练习，日积月累，雕刻技艺才会提高。

（二）狠抓基本功

首先从简单内容入手，循序渐进，加强雕刻刀法的训练。只有基础打扎实了，才能学好大型雕刻作品的雕刻技法，才能进行自我设计和创作。学一样就要会一样，精通一样，只有这样才会使初学者感到有成就感，有自信心。这就像上楼梯一样，只要踏踏实实，一步步地向上攀登，就一定会到达顶峰。如果好高骛远，想一步登上顶峰，其结果肯定是半途而废。

（三）要有坚强的毅力

学会雕刻需要要坚持不懈，持之以恒的学习精神，只有这样才会，就会顺利度过入门阶段的困难期。不论学习什么东西，起步入门阶段是最困难的。很多意志力不强的人，就是在这一阶段败下阵来。一个从未接触过食品雕刻的人，他在学习刻第一朵花的时候，会觉得非常吃力，手不听使唤，下刀没准，这就是所谓的困难期。这个时候，一定要坚持下去，一朵不行练两朵，十朵不行练二十朵……，最终会练好它的。一朵花掌握了，他就会对食品雕刻有了更深一层的认识，诸如力度的大小、原料的性质、运刀的感觉、花的结构等，这些经验对以后的雕刻都会产生影响。如果第一种刻花练了一百次，第二种花只需练十次八次即可掌握，第三种花只需练三四次就可基本掌握了（见图5-12）。

图 5-12

（四）善于总结经验

每次动手雕刻前，都要把所刻内容的外形特征、比例关系、下刀顺序、运刀方向等在心中反复揣摩几遍，做到胸有成竹，才能下刀准确，自如流畅，一气呵成。绝不能手忙脚乱，颠三倒四，一会这补一刀，一会那截一下，这是雕不成作品，只能以失败告终。

（五）培养自己的艺术素养

学习构图常识，要在日常生活中注意观察和掌握表达形象的能力，不断实践和总结经验，使之精益求精。要学会用"几何法"、"比例法"对所刻对象进行观察、剖析。所谓"几何法"就是将鸟、兽、鱼、虫等动物的形体看作是最简单的一些几何体（如球体、柱体、正方体、椭圆形、三角形、梯形等）组成在一起的结果；"比例法"就是将这些几何体的长、宽、高等指标用比例的关系确定下来(见图 5-13)。

例如,我们要刻一只游水的天鹅,可以把它的身子看作半个大的鸡蛋,头部看作一只小鸡蛋,它们之间(即脖子部分)由一段软水管连接,——这就叫"几何法";天鹅的脖子是修长漂亮的,在刻脖子的时候要使其长度与身长相当,即脖长:身长=1:1,这就叫"比例法"。对初学者来讲,掌握"几何法"与"比例法"至关重要。它能使初学者一下子抓住大形要点,使看起来无从下手、无章可循的果蔬雕刻一下子变得简单好学了。

图 5-13

图 5-14

(六) 积极进取,虚心学习

要处处留心,多向别人学习,即使别人的技术不如你,但一定有值得你借鉴的地方;要多向其他艺术门类学习,如剪纸、木雕、园林、雕塑、绘画、插花等,不断培养自己的艺术修养和审美情趣;要学习构图常识,并在日常生活中注意观察和掌握表达形象的能力,多方面吸收中国传统雕刻技艺的精华。只有不断提高自身的文化素质修养,才能大胆地去吸取、探索、创新。不论是否有美术基础,平时要多画几笔简笔画(多画与雕刻内容有关的动物如龙、凤、鹤、鱼、鹿等),这样日积月累,一定会对你的学习有很大的帮助(见图 5-14)。

总之,学好食品雕刻不是一蹴而就的,需要我们有耐心、信心、细心和恒心。只有持之以恒、勤奋学习、刻苦钻研,不断总结经验,及时纠正错误,同学之间互教互学,作好打"持久战"的准备,这样才能掌握这门技术,真正成为一个名副其实的雕刻师。

第二节　食品雕刻的类型和表现形式

一、食品雕刻的类型

食品雕刻因受所使用原料和其他艺术的影响,百花齐放,形式各异,其类型和表现形式大体可归纳为整雕、零雕整装、组装雕刻、综合雕刻、浮雕及镂空雕等:

（一）整雕（见图 5-15）

整雕（又称圆雕）指用一块整体原料刻成一个具有完整独立的立体造型的实物形象。如鲤鱼戏水、凤凰牡丹等。其特点是：具有整体性和独立性，立体感强，有较高欣赏价值，但难度大，需有一定的雕刻基础。

图 5-15

图 5-16

（二）零雕整装（见图 5-16）

零雕整装（又称群雕），指用多块原料（一种或多种不同的原料）雕刻某一题材（或多个题材）的各个部位（或部件），再将这些部位（或部件）组装成一个完整的造型。其特点是：选料不限，雕刻方便，成品结构鲜明，层次感强，形象逼真，适合形体较大或比较复杂的物体形象雕刻。要求制作者要有广阔的想象空间，艺术构思与制作能力要强，如鹤鹿同寿、仙女散花等。

（三）组装雕刻（见图 5-17）

组装雕刻是指用两块或两块以上原料分别雕刻成型，然后组合成完整物体的形象。其拼装可以用插竹签、拼榫头，或施以适当的粘合剂来完成。用此方式雕刻，要求作者有整体观念，有计划地分体雕刻。要经过整体、局部、统一这三个步骤：雕刻前后把整体形象初步在原料上定出大体位置；然后按各部位结构关系来进行分体局部刻画；最后，统一衔接、拼装并加以修饰。要注意局部结构要符合整体关系，达到形象完整、统一。这三个步骤也是雕刻常用的基本方法。

组装雕刻艺术性较强，但有一定难度。要求作者具

图 5-17

有一定的艺术审美和艺术造型知识及刀工技巧。

（四）综合雕刻（见图5-18）

图 5-18

综合雕刻即大型组装。是指制作某一大型作品时，使用多种表现形式，最后组装完成。如"锦上添花"、"骏马图"、"松鹤延年"、"孔雀迎宾"等，都属于混合雕刻大型组装作品。制作这一作品，有整雕的，有浮雕的，有组装雕刻的，还有背景衬托（如松枝、绿叶等），最后组装在一起，成为一副完整的立体图案。这种作品只适宜大型的宴会。由于技术复杂，艺术性要求高，故不易大量制作。

这类食雕作品都是由许多件整雕作品或部件组合起来的，场面大，气势宏伟，大多是围绕一个主题进行组合的。

（五）浮雕（见图5-19）

浮雕指在原料表面雕刻出向外突出或向里凹进的图案。分凸雕和凹雕两种：

（1）凸雕（又称阳纹雕）：把要表现的图案向外突出地刻画在原料的表面。

（2）凹雕（有称阴纹雕）：把要表现的图案向里凹陷地刻画在原料的表面。

凸雕和凹雕只是表现手法不同，却有共同的雕刻原理。同一图案，既可凸雕，也可凹雕。初学者也可事先将图案画在原料上，再动刀雕刻。这样效果就会更好。冬瓜盅、西瓜盅、瓜罐等雕刻都属浮雕。

图 5-19

（六）镂空雕（见图5-20）

镂空雕指用镂空透刻的方法把所需表现的图案刻留在原料上，去掉其余部分。操作与凹雕相似，但难度较大。下刀要准、行刀要稳，不能损伤其他部位，以保持图案完整美观。各种瓜灯、宝塔都可采用这种雕刻方式。

一般在其成品中点放蜡烛，以其光线的自然色彩，装点席面，烘托气氛。

二、食品雕刻的特点

果蔬雕刻的特点主要表现在以下几个方面：

（一）洁净卫生性

这是食品雕刻的首要特性，它始终贯穿与食品雕刻的制作

图 5-20

于存在之中。

（二）易损性

因所用的原料都是食品原料，一般以富含水分的脆性蔬菜和瓜果为主。果蔬雕刻取料广泛，成本低廉，色彩自然，但容易干瘪和腐烂，只能作为一时观赏之用。

（三）季节性强

由于不同的蔬菜瓜果有不同上市季节，而果蔬雕刻的操作方法往往要根据原料的品种适当选择，所以不同季节雕刻品的类型往往不同。如夏季的雕刻品多采用西瓜、冬瓜等原料制作成浮雕和镂空雕的瓜盅、瓜灯等；而冬季的雕刻品多采用萝卜等制成整雕或组合雕的花鸟造型。

（四）及时性

图 5-21

所谓及时性是指它的艺术寿命短暂而言。一般食品雕刻都是一次性使用，时间仅在数小时之内，展示时间短暂，不能重复利用和长期保存，这就要求我们必须现用现雕。所以有人说，食品雕刻是短暂或瞬间的艺术（见图 5-21）。

三、食品雕刻的基本要求

由于食品雕刻的工艺性比较强，所以制作时要根据不同需要精心构思，精心制作。制作者不能只求过得去，而应以"美"为准则。和其他工艺美术品一样，它在艺术上和技术上的标准是没有极限的。雕刻出的作品，有的是以观赏为主不能食用，有的既能观赏又能食用。食品雕刻是一种充满诗情画意的艺术，需要主题正确，结构完整，形态逼真。切忌粗制滥造或雕刻纸仍庸俗的作品。

食品雕刻的原料如此丰富，制造者选择的余地也较为宽广。为使作品达到最佳效果，应注意掌握以下食品雕刻基本要求：

图 5-22

（一）选择新鲜的原料

选择原料时要注意原料的新鲜度，特别是一些植物性原料，脱水干瘪后质地绵软，不便雕刻，作品表面凹凸不平且没有光泽。不要使用变质的原料，特别是用于冷盘和热菜点缀的雕刻作品，如果选用变质或腐烂的原料来制作雕刻作品，对菜肴会造成直接的污染（见图 5-22）。

（二）因材施艺

制作者要雕刻出精美的作品，必须学会根据

原料的质地(如脆嫩度)、大小形状、弯曲度、色泽的变化等特点,进行构思和创作。另外还要节约原料,使物有所值、物尽其用。

图 5-23

(三)原料色彩的组配与题材谐调

由于原料品种繁多,色彩丰富,因此,有助于拓宽构思创作空间。我们要利用原料自身的色彩进行雕刻,使原料的色彩与题材相谐调(如用紫萝卜雕刻出的花卉、莴苣雕刻的虾子、胡萝卜雕刻的鲤鱼等),使作品色彩鲜艳而自然,达到逼真、自然的效果,使人赏心悦目(见图 5-23)。

(四)装饰与食肴有机结合,突出菜肴风格

食品雕刻成品,在冷菜和热菜的造型中使用广泛,如在"锦上添花","凤凰戏牡丹"、"金鱼闹莲"等冷菜拼盘中食雕花是不可缺少的。在热菜中,食雕作品一般以点缀衬托为主,但在花色造型菜,如"龙舟"、"瓜盅"等。这些属于观赏与食用相结合都离不开雕刻,因会雕作品代盛菜的器皿,同此要特别注意卫生。另一种食用食品雕刻制作的大型展台,如奶油制作的"二龙戏珠",或巧克力制作的"雄鹰",奶粉制作的"糖花"、"冰雕长城"等。这些作品主要是烘托气氛,给人以较高的艺术欣赏性,而不作食用。

(五)主题突出,形象逼真,具有审美感

为了避免雕刻作品的杂乱无章,在雕刻前应先确定主题,构思出所要雕刻作品的结构造型,确保主题突出,同时又要考虑到一些附加陪衬品的点缀作用,如凤凰加上牡丹做搭配,鹤加上松叶做搭配,兔加上草做搭配等等。要注意附加作品不要牵强附会、胡拼硬凑、以免画蛇添足。

食品雕刻离不开美学及绘画构图等知识,美术与雕刻之间有着密切的联系。要想使用食品雕刻造型创作通过熟练的刀工达到完美的境地,就必须加强美术的基本功训练。如练习速写,可以提高用最简练的线条塑造造型的能力;素描,则能够加强细腻入神的表现技巧和艺术造型知识,能直接增长食品雕刻艺术的创作能力。只有这样才能做到合理用料,精雕细刻,周密布局,突出主题,富有特色(见图 5-24)。

(六)品名吉祥如意

食品雕刻作品,给人以艺术美的享受。因此食品雕刻的内容,应选择吉祥如意、逗人喜爱、富有寓意的造型,如"龙凤呈祥"、"百鸟朝凤"、"松鹤延年"、"雄鸡报晓"、

图 5-24

"龙马精神"、"嫦娥奔月"等，但不可牵强附会，滥用辞藻（见图5-25）。

（七）讲究卫生

由于食品雕刻作品多是摆上餐桌的，因此食品雕刻成品，必须讲究卫生，切不可污染。特别是观赏与食用相结合的食品雕刻作品，不允许用一些不能食用的原料，有的雕刻师傅用火柴头作小鸟的眼睛，是很不卫生的，也是不允许的，更不能使用变质或腐烂的作品。

（八）创作新颖别具

食雕必须能够推陈出新，创造新的品种。食品雕刻人员应当不仅能够制作已经定型的传统造型，还应当不拘陈规。要根据原料和雕刻手法的特点，结合宴会主题，灵活运用；应充分发挥想象力，开阔视野，创造出更多的新奇别致的作品，设计出更加新颖、精美的食品雕刻作品。

图 5-25

四、食品雕刻原料的识别与选用

食品雕刻原料选择的好坏，直接影响雕刻作品的品质。因此，在选择原料时应根据造型、大小、色泽需要选材，这样才能雕刻出理想的作品来。适用于食品雕刻的原料很多，只要具有一定的可塑性，色泽鲜艳，质地细密，坚实脆嫩，新鲜不变质的各类瓜果及蔬菜均可。另外，还有很多能够直接食用的可塑性食品都可以作为食品雕刻的原料。

下面介绍几种比较常见的食品雕刻原料的性质及用途：

（一）根茎类原料

1. 心里美萝卜（见图5-26）

心里美萝卜又称水萝卜。除了具有体大肉厚的特点外，最重要的是色泽鲜艳、质地脆嫩，外皮呈绿色，肉呈粉红、玫瑰红或紫红色，肉心紫红。由于它的颜色与某些花卉相似，所以雕刻出的花卉形态逼真，如紫玫瑰、紫月季、牡丹、菊花等。除了雕刻各种花卉之外，它还可以雕刻一些鸟类的点缀物，如头冠、尾羽等。

2. 圆白萝卜

圆白萝卜适合雕刻花卉、孔雀。

3. 青萝卜、长白萝卜

青萝卜皮青肉绿，长白萝卜质地脆嫩，它们形体较大，适用雕刻形体较大的龙凤、兽类、风景、孔雀、雕刻龙舟凤舟和人物及花卉花

图 5-26

瓶等。

4. 胡萝卜

胡萝卜形状较小、颜色鲜艳，最适宜雕刻点缀的花卉及小型的禽鸟、鱼、虫等。

图 5-27

5. 土豆

土豆又名马铃薯，肉质细腻，有韧性，没有筋络，多呈中黄色或白色，也有粉红色的，适合雕刻花卉、人物、小动物等。

6. 紫菜头（见图 5-27）

紫菜头也叫甜菜，通常称糖萝卜。红菜头皮和肉质均呈玫瑰红、深红色或紫红色，色彩浓艳润泽，间或有美观的纹路，是雕刻牡丹、荷花、菊花、蝴蝶花等花卉的理想原料。

7. 莴笋

莴笋又名青笋，其茎粗壮肥硬，叶有绿、紫两种。肉质细嫩且润泽如玉，多翠绿，亦有白色泛淡绿的，可以用来雕刻龙、翠鸟、菊花、各种小花、各种图案以及镯、簪、服饰、绣球、青蛙、螳螂、蝈蝈等。

8. 红薯

红薯又名甘薯、番薯。肉质呈粉红色或浅红色，有的也呈白色或有美丽的花纹，质地细韧致密，可用以雕刻各种花卉，动物和人物。

9. 洋葱

洋葱形状有扁圆形、球形、纺锤形，颜色有白色、浅紫色和微黄色。葱头质地柔软、略脆嫩、有自然层次，可用以雕刻荷花、垂莲、玉兰花、小型菊花等。

（二）瓜果类原料

可以利用瓜果类原料表面的颜色、形状，雕刻瓜盅、瓜灯、瓜盒、瓜杯等，用来盛装食品、菜肴，起到点缀作用。

1. 西瓜（见图 5-28）

西瓜为大型浆果，呈圆形、长圆形、椭圆形。西瓜品种很多，按其外表颜色可分为绿色皮瓜、黑皮（深绿色）瓜、花皮瓜、黄皮瓜。由于其果肉水分过多，故一般是掏空瓜瓤，利用瓜皮雕刻成西瓜灯或西瓜盅。由于西瓜皮外表和肉质的颜色一般有深浅差别，故常取整个瓜在其表皮上进行刻画创作，具有较高的艺术欣赏性。另外由于西瓜肉颜色艳丽，也可以雕刻成大型的花卉，如牡丹花。

2. 冬瓜

冬瓜又名枕瓜，一般外形似圆桶，形体硕大，内空，皮呈暗绿色，外表有一层白粉，肉质青白色。洗

图 5-28

净白粉,可以进行与西瓜相似的浮雕创作,一般主要用来雕刻大型的冬瓜盅、花篮及甲鱼背壳和大型的龙船等。

3. 南瓜(见图5-29)

南瓜又名番瓜,也称北瓜。按形状可以分为扁圆形、梨果形、长条形三种。一般常用长条形南瓜进行雕刻,长条形南瓜又有"牛腿瓜"之称,是雕刻大型食品雕刻作品上佳材料,它体长个大肉质肥厚,肉色多为黄色和橘红色。用南瓜雕刻的作品色泽滑润、细腻而柔和、美观而显气魄。南瓜适合雕刻黄颜色的花卉,各种动态的鸟类,大型动物以及人物、亭台楼阁等。空心的南瓜可用来刻瓜盅、瓜灯、编织渔篓、篮筐等。因此,南瓜是食品雕刻理想的材料。

图 5-29

4. 西红柿

西红柿又名番茄,其品种较多,按其形状可分为圆形、扁圆形、长圆形和桃形;按颜色可分为大红、粉红、橙红和黄色。西红柿色泽鲜艳光亮,成熟时,皮肉颜色一致。因其果肉较嫩多汁,无法雕刻出较复杂形象,只能利用其皮和外层肉进行简单造型,如荷花、单片状花朵等。此外,还可以作拼摆图案的拼花材料及雕刻小盅等。

图 5-30

5. 黄瓜(见图5-30)

常见的黄瓜有青皮带刺黄瓜、白皮大个黄瓜、青白皮黄瓜、白皮短小黄瓜等品种。黄瓜成熟后瓜肉与瓤、籽分离,嫩、熟黄瓜均可作为雕刻原料,用于雕刻船、盅、青蛙、蜻蜓、蝈蝈、螳螂、花卉,以及盘边的装饰。黄瓜皮可以单独制作拼摆的平面图案,也可根据需要与其他原料配合使用。

6. 苹果、梨等

苹果和梨适合雕刻盅、盒及盘边点缀。

7. 西葫芦

西葫芦呈长圆形,表面光滑,外皮为深绿色,间或黄褐色,肉呈青白色或淡黄色,肉质较南瓜、笋瓜稍嫩,可雕刻孔雀灯,渔舟、人物、山水风景和花卉等。

第三节 食品雕刻的刀具

一、食品雕刻刀具类型及用途

(一)平口刀(见图5-31)

平口类刻刀是所有雕刻作品制作过程的基本必备工具。主要有四种型号,刀刃长度

图 5-31

从 14 厘米到 4 厘米不等,用途大致相仿,主要用于修整轮廓,精雕细琢,镂空去料等,并可独立完成作品。一般刻刀材料最好选择钢质脆硬的钢材来制刀,如锋钢,白钢等。其所制刀具,刀身薄而锋利,是各类雕刻的首要工具。

（二）圆口刀（见图 5-32）

圆口刀,又称 U 型刀。刀身的两侧和两头都有刀刃,没有刀把,刀身中部为柄,使用时要纵向驱刀。其两端为半圆形刀刃,分大小不同规格,长度在每套为 5 个型号,一般 13～15 厘米,刀刃根据型号大小而定。其用途广泛,可用于挖洞,刻鱼鳞,羽毛,花瓣,人物的衣褶等。另外还有一种特殊的圆口刀,又称双口刀,只有一头刀刃,由两个半圆口刀连接而成,尺寸的大小,

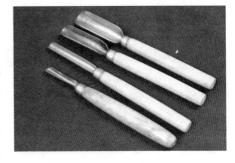

图 5-32

可根据需要而定,主要用于雕刻波浪形的花纹。这种刀可用来切黄瓜、冬笋、茭白等。

图 5-33

（三）尖口刀（见图 5-33）

尖口刀,又称"V"型戳刀。与圆口刀相似,两头有刀刃,只是刀口不是半圆形,而是"V"字型,规格的大小不同,一般可分为 6 种,刀刃开口直径最大的为 1.2 厘米,最小的为 0.3 厘米。尖口刀主要用来刻线条、羽毛、山石以及人物的衣褶,同时也可以根据自己的习惯选用木刻刀代替。

（四）套环刀

套环刀,属特殊刀具,专门用来雕刻套环和装饰纹,如西瓜灯（见图 5-34）。

（五）辅助工具

辅助工具,如画线刀,两头为菱形,专门用来画刻线条;弯形刀用于刻弧形花瓣,翅膀内侧的弯度;镊子用于粘接花瓣,夹取细小的部分;挖球器用于刻山石,制作球体。

（六）模型刀（见图 5-35）

这种刀具是由较软的金属片制成的,用来进行各种平面造型的一种工具。它可用由薄的金属片叠成小动物、植物及星形、菱形、桃形、叶形等形状。这种工具使用简便,灵巧,工效快,只要在蔬菜原料上扣压出外形,然后用厨刀横切,便会出现所需要的各种形状的平面造型。另外,针对一些新的雕刻原料生产出

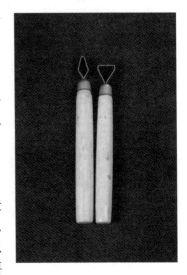

图 5-34

图 5-35

了一些新型的雕刻工具,如琼脂刀,一套由十几件各种形状的刀具,使其在操作时更为简便,制作出的作品效果更好。再如制作黄油雕时就采用了泥塑刀。这些新的雕刻工具使现代的雕刻技艺发挥的淋漓尽致,是雕刻技术的重要保障。

二、食品雕刻的常用手法

雕刻的手法是指在执刀时候,手的各种姿势。在雕刻过程中,执刀的姿势只有随着雕刻作品的不同形态的变化而变化,才能表现出预期的效果,符合主题的要求。所以,只有掌握了执刀的手法才能运用各种刀法雕刻出好的雕刻作品。现将几种常见的手法介绍如下。

（一）横刀手法（见图 5-36）

横刀手法,是指右手四指横握刀把,拇指贴于刀刃内侧。在运刀时,四指向下,拇指按住所刻的部位,在完成每一刀的操作后,拇指自然会转到刀刃的内侧。这种手法适用于整雕及一些花卉雕刻。

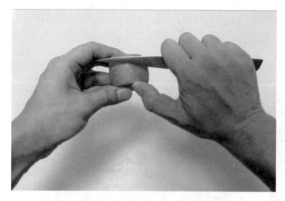

图 5-36

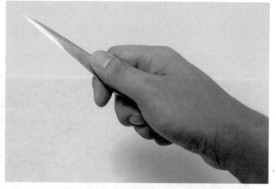

图 5-37

（二）纵刀手法（见图 5-37）

纵刀手法,是指右手四指纵握刀把,拇指贴于刀刃内侧。运刀时,腕力从右至左匀力转动此种方法适用于表面光洁,形体规则的物体,如各种花蕊的坯型,圆球,圆台等。

（三）执笔手法（见图 5-38）

执笔手法是指执刀的姿势形同执笔,即拇指,食指,中指捏稳刀身。此种手法适用于雕刻浮雕,如西瓜盅等。

（四）戳（插）刀手法（见图 5-39）

戳刀手法与执笔手法大致相同,区别是无名指、小拇指必须按在原料上,以保证运到准确,不出差错。

图 5-38

图 5-39

三、食品雕刻常用的刀法

食品雕刻常见的刀法有旋、刻、戳、划、画、削和镂空等几种。

（一）旋（见图 5-40）

旋的刀法常用于花卉的雕刻，它能使作品圆滑、规则，同时又分为外旋和内旋两种方法。外旋适用于由外层向内层雕刻的花卉，如：月季，玫瑰等。内旋适用于由内层向外层雕刻的花卉或两种方法交替使用的花卉，如：马蹄莲，牡丹等。

图 5-40

图 5-41

（二）刻（见图 5-41）

刻的刀法是雕刻最常用的刀法，它始终贯穿于雕刻的整个过程中。

（三）戳

戳这种刀法常用于花卉和鸟的羽毛、翅膀、尾部、奇石异景、建筑等作品。它是由特制刀具所完成的一种刀法。

（四）划

划是指在雕刻的物体上，划出所构思的大体的形态、线条，具有一定的深度，然后再刻的一种方法。

（五）画

画这一刀法，对雕刻的大型浮雕作品较为适用。它是在平面上表现出所需雕刻的形态的大体形态、轮廓。如雕刻西瓜盅时多使用这种刀法（见图5-42）。

（六）削

削是指将雕刻作品表面修圆，即达到表面光滑，整齐的一种刀法。

（七）镂空

镂空是指雕刻作品时达到一定深度或透度的一种刀法。

图 5-42

四、食品雕刻半成品和成品的保存方法

（一）水泡法（见图5-43）

将雕刻好的作品放入清凉的水中浸泡，或放入1%的明矾水浸泡，并保持水的清洁，如发现水变浑或有气泡，需及时换水。这样可以使食品雕刻成品保存较长时间，以备不时之需。

图 5-43

（二）低温保存法

将雕刻好的作品用保鲜薄膜包好，放入冷藏冰箱保存或将雕刻作品放入水中，移入冰箱或冷库，以不结冰为好，使之长时间不褪色，质地不变，延长使用时间。

（三）涂保护层保存法

用鱼胶粉熬好的"凝胶"水来涂刷作品，使作品的表面形成一种透明的薄膜来保护水分，不用时放到低温处存放，这样效果更好。

（四）喷水保湿保存法（见图 5-44）

应用在较大看台中，展示期间应勤喷水，保持雕刻作品的湿度和润泽感，以防止其干枯萎缩或失去光泽。这样可以延长作品展出时间。

图 5-44

第六章　食品雕刻制作实例

本章选取 11 个实例,对该食雕作品所用的材料、刀具、制作步骤分别加以阐述,并在每个实例中,附上制作小贴士;提出一些总结思考,以使学员能掌握食品雕刻制作的技能。

实例一　荷花/Lotus(见图6-1)

荷花,又名莲花、水芙蓉等,属睡莲科多年生水生草本植物。荷花是澳门特别行政区的区花,也是有"泉城"美誉的山东省会济南和孔孟之乡济宁以及广西壮族自治区"荷城"贵港的市花。在济南三大名胜之一的大明湖里有十多种上好的荷花。荷花婀娜多姿,像仙女一样,亭亭玉立,香远益清!

自古以来文人墨客也对荷花情有独钟,好多诗句就是形容荷花,如"莲之出淤泥而不染,濯清涟而不妖","小荷才露尖尖角,早有蜻蜓立上头"等。

材料:红洋葱、心里美萝卜

刀具:平口主刀、刻线刀、U型刀(见图6-2)

制作步骤

(1) 选择一个红洋葱,要求比较圆整(如不圆的话,中心位置会有分裂,中心呈两个球体,不便于雕刻)。先把洋葱底部的根须削掉,不可削得太入肉,只是浅浅的削去根须,多则易使第一层花瓣掉落。剥去表层不完整和较薄的部分(见图6-3)。

图 6-1

图 6-2

图 6-3

（2）在洋葱的顶部平行切去四分之一,取下半部分作为花胚(见图6-4,图6-5)。

图6-4

图6-5

（3）把原料五等分,可以先在洋葱的切口画上标记,要求均匀。之后用刀在洋葱表面轻轻的把第一层划出五等分的线条,力度应刚好把第一层洋葱切开(见图6-6,图6-7)。

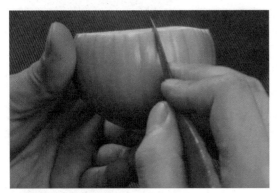
图6-6

图6-7

（4）在之前五等分的基础上划出荷花叶瓣的形状,应是圆形顶端带尖角(见图6-8,图6-9)。

图6-8

图6-9

（5）把花瓣边上多余的废料去除,每个花瓣都依照第一张花瓣一样处理。只是随着花胚的变小,每层花瓣也随着变小(见图6-10,图6-11)。

图 6-10

图 6-11

(6)第二层花瓣依照第一层花瓣一样先五等分,再刻出花瓣。第二层花瓣的位置应该在第一层两个花瓣之间。形成花瓣的交错,高度应比第一层花瓣稍微高一些,形成层次感(见图 6-12,图 6-13)。

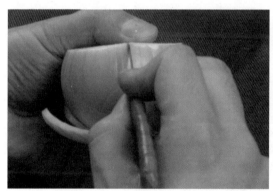

图 6-12

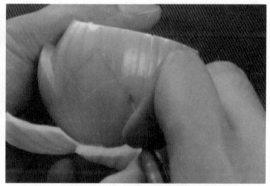

图 6-13

(7)以同样的方法分别刻出第三、第四层花瓣。注意不要把前面的花瓣弄坏(见图 6-14,图 6-15)。

图 6-14

图 6-15

（8）第四层花瓣后，用平刀法把多余的花心削平（去除花心的三分之一高度），使花瓣高于花心（平切的时候应避开雕刻的花瓣）（见图 6-16，图 6-17）。

图 6-16　　　　　　　　　　　　　　图 6-17

（9）用 U 型刀在切平的花胚上旋转一周，挖出 10 个左右的小孔，之后选用心里美表面的青皮，也用同一把 U 型刀，挖出青皮填入花心上的小孔。

（10）主图上点缀的叶片也是用心里美表皮制作，先划出轮廓，再刻线刀勾勒出荷叶线条经络即可，再用主刀将其取下，洋葱制作的荷花完成（见图 6-18，图 6-19，图 6-20）。

图 6-18　　　　　　　　　　　　　　图 6-19

图 6-20

制作小贴士

(1) 在制作荷花时应控制好下刀的力度,力度过重会影响下一片叶片的完整性,还可能在叶片上留下痕迹,尽量适度。

(2) 荷花的尖角是制作荷花的关键,划线时均分好花瓣的大小,以及划出花瓣的尖角。

总结思考

(1) 洋葱荷花是初学者雕刻较为简单的选择,利用原料本身的层次制作花瓣。颜色也较为接近荷花颜色。荷花中间莲子花心也可用青椒等代替。同等类型的花卉还有白菜制作的菊花、青菜帮子制作的月季等等。

(2) 洋葱荷花所使用的刀法是划,在以后学习瓜雕时也有很大的作用。

(3) 荷花制作的方法还有很多种,有的用心里美等直接雕刻,而有的是雕刻好单片花瓣再用胶水粘合的。

实例二　白毛菊/Leucophylla

菊花是多年生的菊科植物,其花瓣呈舌状或筒状。菊花是经长期人工选择培育的名贵观赏花卉,也称艺菊,品种达三千余种。菊花是中国的十大名花之一,中国人极爱菊花,从宋朝起民间就有一年一度的菊花盛会。中国历代诗人画家,以菊花为题材吟诗作画众多,因而历代歌颂菊花的大量文学艺术作品和艺菊经验,给人们留下了许多名谱佳作,并将流传久远(见图 6-21)。

图 6-21

材料:白菜

刀具:平口主刀、U 型刀(见图 6-22)

制作步骤

(1) 选用新鲜白菜一颗,拔去老叶剩余直径在 10～12 厘米左右,切去白菜的叶子,用主刀把根部修圆整,不可削到白菜梆子,应留少许根(见图 6-23)。

图 6-22　　　　　　　　　　　　　　　　图 6-23

(2) 用 U 型刀在白菜的梢始下刀,用执笔法握刀,以戳的雕刻手法沿着白菜梆子的经络轻轻推到根部,叶片的厚度为 3～5 毫米。下刀始终贴合着白菜叶片,厚度应梢部薄根部略厚,只是很细微的变化。根部入刀时应轻轻戳入菜根,让叶片连接更加牢固(见图6-24,图6-25)。

图 6-24

图 6-25

(3)依照上述方法雕刻好整片叶瓣。一般一个白菜叶片上可以雕刻5~8个花瓣,之后叶片变小,花瓣的数量也会减少。由于入刀时都是向根部戳刀的,所以在一片白菜叶片雕刻完之后,能很轻易地把废料叶片取下(见图6-26,图6-27)。

图 6-26

图 6-27

(4)在雕刻第二层花瓣时,应用左手轻轻地推起上一层花瓣,这样就不会戳到前一层花瓣。每一片花瓣制作和去废料都重复第一层的步骤(见图6-28,图6-29)。

图 6-28

图 6-29

（5）还有一种方法是将白菜根部朝下竖着雕刻，让花瓣自然下垂。这样就不会被第一层花瓣所挡到了（见图6-30，图6-31）。

图6-30　　　　　　　　　　　　　　　　　　图6-31

（6）在刻到4～5层时，白菜的芯子应剩余直径5厘米左右，随后的雕法是从白菜梆子的内层下刀，左手轻轻地拉起菜叶，原料平放在桌面上，右手还是以执笔法握刀，用戳的雕刻方法从白菜的梢部开始下刀一直延伸到根部，可以直接戳穿菜梆，因为到内部的叶片比较薄（见图6-32，图6-33）。

图6-32　　　　　　　　　　　　　　　　　　图6-33

（7）白菜心叶瓣较小，叶片有时只能雕刻1～2片花瓣，应尽量让花瓣保持不断，从而包住花心（见图6-34，图6-35）。

图6-34　　　　　　　　　　　　　　　　　　图6-35

（8）雕刻好的白菜菊花一定要用水浸泡，浸泡的时间一般为 30 秒至 1 分钟（时间过长花瓣会过度蜷曲、不自然）。这时白菜菊花的制作才算完成（见图 6-36）。

图 6-36

制作小贴士

（1）在雕刻花瓣时无名指贴合菜叶，控制好雕刻的入刀深度，特别是在叶片根部转角的地方特别容易断，应特别小心，放慢速度。

（2）在雕刻花瓣时应沿着白菜梆子的凸纹雕刻，这样更容易下刀，雕刻出的花瓣也更饱满。

（3）在制作花心时要把花心的嫩叶留一些，使其透出微黄，这样制作的花朵感觉生机勃勃，花心马上要开放的样子（见图 6-37）。

图 6-37

总结思考

（1）白毛菊利用原料本身的层次制作花瓣。颜色也较为接近白菊花的颜色。同等类型的花卉还有洋葱制作的荷花,青菜梆子制作的月季等。

（2）白菜菊花所使用握刀方法是执笔法,以戳的手法贯穿了整个雕刻过程。以后雕刻中如鸟类的羽毛,鱼类的鳞片等都会用到此手法和刀法。

（3）菊花的制作方法还有很多种,根据花的品种不同,有大丽菊、蟹爪菊、波斯菊、非洲菊等等。有的用心里美等直接雕刻,而有的是雕刻好单片花瓣再用胶水粘合。

图 6-38

实例三 大丽菊/Dahlia（见图 6-38）

大丽菊又叫大丽花、天竺牡丹、苕牡丹、地瓜花、大理花、西番莲和洋菊，是菊科多年生草本。菊花傲霜怒放，而大丽菊却不同，春夏间陆续开花，越夏后再度开花，霜降时凋谢。大丽花原产于墨西哥，墨西哥人把它视为大方、富丽的象征，因此将它尊为国花。目前，世界多数国家均有栽植，选育新品种时有问世，据统计，大丽花品种已超过 3 万个，是世界上花卉品种最多的物种之一。大丽花花色花形誉名繁多，丰富多彩，是世界名花之一。

食品雕刻的大丽菊有很多种，下面介绍分别用 V 型刀和 U 型刀制作的两种大丽菊，两种制作方式基本相同，但 V 型刀是雕刻一层之后要用主刀去一层废料，然而 U 型刀只是用排列式去废料即可。

一、V 型刀大丽菊（见图 6-39）

材料：南瓜

刀具：U 型刀、V 型刀、平口主刀（见图 6-40）

制作步骤

（1）选用实心的南瓜为原料，先将南瓜削成一个馒头形，在中心的位置用大号 U 型刀雕刻出花心，在表面旋转一周，深度为 5 毫米左右（见图 6-41）。

图 6-39

（2）在雕刻出花心后，用主刀在花心四周去除一层废料，让花心凸显出来，深度为 3 毫米左右（见图 6-42，图 6-43）。

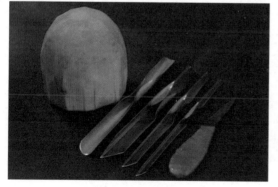

图 6-40

图 6-41

（3）突出花心后在四周用主刀把花心修圆整（见图 6-44）。用小号 V 型刀在离花心 1 厘米处下刀，先去废料，深度在 2～3 毫米，雕刻 12 片花瓣锥形，一般可以先十字交叉形成四等分，再从四等分的两个花瓣锥形中再雕刻两片花瓣锥形（见图 6-45）。所有废料去好之后，在去废

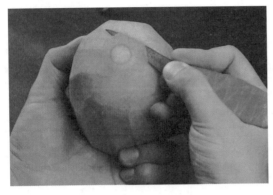

图 6-42　　　　　　　　　　　　　　　图 6-43

料的 V 型口后方一毫米处下刀,直接用戳刀法戳到花心处,雕刻出一片 V 型舌状的花瓣。花瓣前端厚度约 1 毫米与花心连接处略厚些为 1.5～2 毫米(见图 6-46,图 6-47)。

图 6-44　　　　　　　　　　　　　　　图 6-45

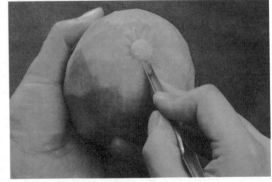

图 6-46　　　　　　　　　　　　　　　图 6-47

(4) 在第一层花瓣雕刻好之后,用主刀在花瓣下方沿着花瓣的底部,刀尖抵到两片花瓣的交接处,环绕花心一圈,去除废料(见图 6-48)。角度微微向下,刀尖位置在花心处,刀身向下压。第二层花瓣雕刻时应在第一层花瓣的后方 2～3 毫米后两片花瓣之间。随着之后的花胚扩大,花瓣的长度也加大(见图 6-49)。

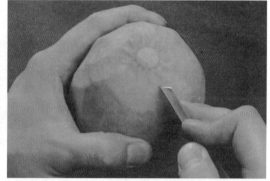

图 6-48　　　　　　　　　　　　　　　　　　图 6-49

（5）在花胚修圆之后,恢复到之前的半圆形,去废料时刀尖向上斜一些,刚好指着花心雕刻,这样有助于角度的变化,然后能轻易的去除废料。雕刻第二层花瓣时还是要贴合去废料时的角度,但花瓣边缘薄一点,花瓣后方连接处略厚。在去圆形废料时还是保持主刀的倾斜,刀尖抵到两片花瓣之间,然后在花瓣下方时应将刀尖往后缩一些,以免伤到雕刻好的花瓣（见图 6-50,图 6-51）。

图 6-50　　　　　　　　　　　　　　　　　　图 6-51

（6）依照上述方法,每一层花瓣都要有一个变化的角度,使用的刀具应每一层或每两层换大一号。花瓣也随之变大,花瓣的连接点也从花心慢慢地向外变大（见图 6-52,图 6-53）。

图 6-52　　　　　　　　　　　　　　　　　　图 6-53

（7）去废料时刀尖不能刻到花心，但刀尖指向的位置应该是花心处，戳刀时刀尖的指向也是花心处，这样雕刻出来的花才是绽放的（见图6-54，图6-55）。

图 6-54

图 6-55

（8）最后一层花瓣雕刻时，应向中心处加深从而切断花胚与花的连接，还可以在最后一层两片花瓣之间用小号的V型刀平行的向中心点戳断连接，这样更容易取下花瓣。大丽菊雕刻完成（见图6-56，图6-57）。

图 6-56

图 6-57

制作小贴士

（1）选料时可以留长一些，便于后面雕刻时的拿捏。修下的部分还可继续使用。

（2）雕刻花瓣时所刻花瓣的深度应不深于选用的刀具的雕刻深度，这样花瓣边缘就比较完整和光滑（见图6-58）。

（3）雕刻中始终注意要把去废料的角度调整好，慢慢地使花瓣顺着馒头形延伸开来。也就是说雕刻的花瓣第一层是平的，随着角度的变化，之后的花瓣一层层向下延伸（见图6-59）。

（4）去废料后要恢复花胚的圆整，雕刻出的花瓣才会光滑，圆整。

总结思考

（1）大丽菊的品种繁多，颜色、雕刻方法多种多样，可以选用的材料有心里美、胡萝卜、白萝卜、紫菜头、青萝卜等等。雕刻方法有用V型刀的，U型刀的、雕刻好花瓣再进行粘连的，可以根据不同的花种进行改变。

图 6-58

图 6-59

图 6-60

（2）戳刀法在以后的雕刻中比较常用，像一些鸟类的翅膀和鱼的鳞片都会用到此刀法。此花的关键是雕刻时要掌握好花瓣的排列和花瓣层次角度的变化。

（3）利用花瓣雕刻时的深度和角度变化，也可以试着在一些水果上面进行像大丽花一样使用戳刀发的雕刻，花朵的边缘直接在果肉上雕刻出叶片，此类雕刻较多地运用在大型展台上（见图 6-60）。

二、U 型刀大丽菊（见图 6-61）

大丽菊的品种繁多，下面介绍的一种是圆形花瓣的，所使用的刀具是 U 型刀。雕刻的方法和前一种略有不同，在雕刻的练习中也应该掌握。

材料：南瓜

刀具：U 型刀、平口主刀（见图 6-62）

操作步骤

（1）选用实心的南瓜为原料，先将南瓜削成一个馒头形，在中心的位置用大号 U 型刀雕刻出花心，在表面旋转一周，深度为 5 毫米左右（见图 6-63）。

图 6-61

（2）在雕刻出花心后，用主刀在花心四周去除一层废料，让花心凸显出来，深度为 3 毫米左右。突出花心后在四周用主刀把花心修圆整（见图 6-64，图 6-65）。

（3）用小号 U 型刀在离花心 1 厘米处下刀，先去废料，深度在 2～3 毫米，雕刻 12 片花瓣，一般可以先十字交叉形成四等分，再从四等分的两个花瓣中再雕刻两片花瓣（见图 6-66，图 6-67）。

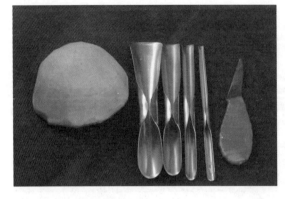

图 6-62

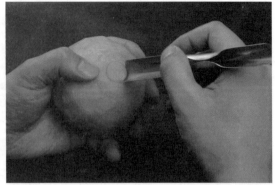

图 6-63

图 6-64

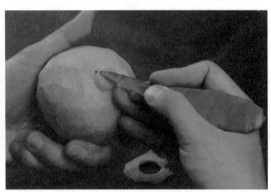

图 6-65

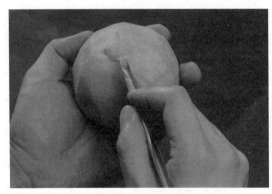

图 6-66

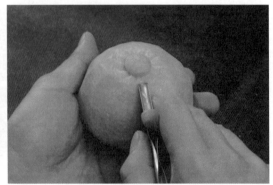

图 6-67

（4）所有废料去好之后，在去废料的 U 型口后方 1 毫米处下刀，直接用戳刀法戳到花心处，雕刻出一片 U 型舌状的花瓣。花瓣厚度前端 1 毫米，与花心连接处略厚为 1.5～2 毫米。到此一步与前面所做的 V 型大丽菊一致，只是换了刀具（见图 6-68，图 6-69）。

（5）第一层花瓣雕刻好之后，与 V 型的大丽菊区别是去废料时不再用主刀，而是直接用 U型刀在两片花瓣的夹角处下刀，刀尖的指向是花心的位置，去除废料，雕刻出一个花瓣的雏形，之后的操作都是以花心为原点的放射型花瓣。花瓣雏形应比原先花瓣长 2～3 毫米，之后随着

图 6-68

图 6-69

花胚的变大,花瓣的长度也会变大。雕刻花瓣的角度也会随着花瓣的半球形而变化(见图 6-70,图 6-71)。

图 6-70

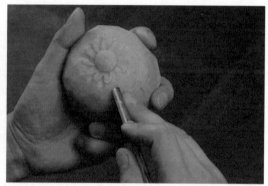

图 6-71

(6)雕刻花瓣的深度应是前两片花瓣夹角再深一些即可。花瓣的厚度还是外口 1 毫米左右,与花胚连接处 1.5~2 毫米左右(见图 6-72,图 6-73)。

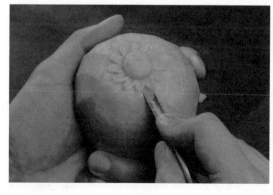

图 6-72

图 6-73

(7)每雕刻一层应加大一号刀具,因为花胚在变大,所需要的花瓣跨度也在变大(见图 6-74,图 6-75)。

(8)每刻一层花瓣,其长度也随之变化,因为花胚是半球形的,所以雕刻时要将花瓣雕刻

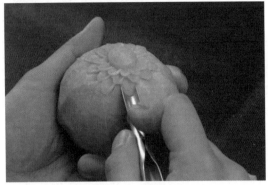

图 6-74

图 6-75

成带弧度的花瓣,这样花瓣更加接近自然。修花瓣雏形时也刚好能把废料去下(见图 6-76,图 6-77)。

图 6-76

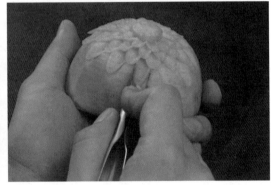

图 6-77

(9)因为不用主刀去废料,所有整个朵制作都是贴合在原有的花胚基础上的,如修雏形花瓣过深,则无法去除废料(见图 6-78,图 6-79)。

图 6-78

图 6-79

(10)最后一层花瓣雕刻时,应向中心处加深从而切断花胚与花的连接,还可以在最后一层两片花瓣之间,用小号的 U 型刀平行的向中心点戳断连接,这样更容易取下花瓣。到此,U

型刀制作的大丽菊雕刻完成（见图6-80,图6-81）。

图6-80

图6-81

制作小贴士

（1）雕刻花瓣时应尽量贴住花胚圆形的表面,这样才容易去除废料,如果下刀太深则废料难以去除（见图6-82）。

图6-82

（2）刀尖最终的指向必定是花心,这个和真花是一样的。

（3）去废料时第一层是两个花瓣的夹角,之后则是两个花瓣夹角加上一层花瓣形成的一个三边夹角。

总结思考

（1）U型刀制作的大丽菊同样可以选用其他的材料制作,如心里美、胡萝卜、白萝卜、紫菜头、青萝卜等。

（2）戳刀法带弧度拉长的刀法在以后制作鸟类的羽毛,以及人物的衣物时也很常用。所以学习控制深度和弧度在以后的雕刻中也很关键。

实例四　茶花/Camellia(见图6-83)

茶花,又名山茶花、耐冬花,是杜鹃花目山茶科植物,原产于我国西南,现世界各地普遍种植。茶花为中国传统名花,世界名花之一,是云南省省花,重庆市、浙江宁波市等市市花,云南省大理白族自治州州花。其花瓣呈碗形,单瓣或重瓣,茶花因其植株形姿优美,叶浓绿而光泽,花形艳丽缤纷,而受到世界园艺界的珍视,其话语为可爱、谦逊、谨慎。

图6-83

材料:胡萝卜

刀具:平口主刀(见图6-84)

制作步骤

(1)选用新鲜胡萝卜一个,取一段3厘米左右,用主刀旋刻去废料,修成圆柱形,上口小下口大。要求表面光滑,圆弧流畅(见图6-85)。

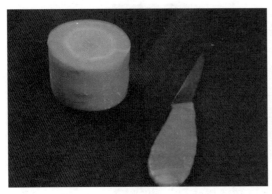

图6-84

图6-85

(2)在花胚的竖面的四分之三处下刀,大致把花胚分成五等分,去除五片废料,花胚底部呈现等边五边形(见图6-86)。把两个花瓣锥形之间的刀角修去,因为在雕花瓣时,两片花瓣会有重叠,这样就避免了雕后一片花瓣时会切到前一片花瓣(见图6-87)。

图6-86

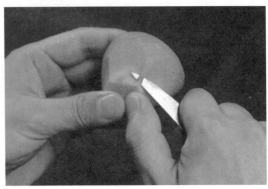

图6-87

（3）用横刀法刻出五个花瓣，花瓣的厚度上口在 0.5～1 毫米之间，这样的花瓣看起来很薄很剔透；下面与花胚连接处可以略厚，在 1.5～2 毫米，下口到底部时还可以将刀锋略微往里收一刀，这样花瓣会更牢固（见图 6-88，图 6-89）。

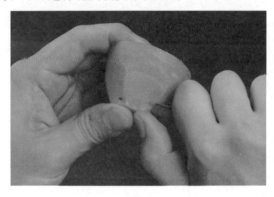
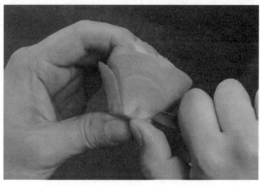

图 6-88   图 6-89

（4）五片花瓣都雕好之后，用执笔法握刀，在原先花瓣角度上向里收 10 度左右。用旋刻法去除一圈废料，同第一次一样，去完废料之后花胚四周保持光滑圆整（见图 6-90，图 6-91）。

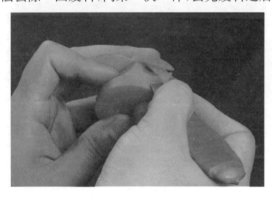

图 6-90   图 6-91

（5）开始第二层花瓣的雕刻，应把第一层花瓣用食指轻轻地向下压，确保第二层花瓣雕刻时不会切坏第一层。制作第二层花瓣时的手法如同一层，只是去废料到底部时刀口应向外移除，从而切断废料（见图 6-92，图 6-93）。

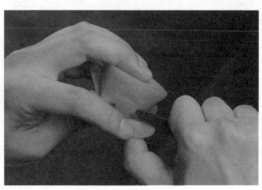

图 6-92   图 6-93

（6）第二层去除的废料应是像水滴状的，上方是圆口，下方是尖嘴，去废料时中间有弧度，向里挖进去一点，这样雕刻出的花瓣才自然。第二层花瓣刻法（见图6-94，图6-95）。

图 6-94

图 6-95

（7）第二层雕刻完之后再雕刻出第三层（见图6-96，图6-97）。

图 6-96

图 6-97

（8）茶花一般雕刻3～4层，视花胚的大小而定。制作花心时先将中间花胚修圆，再切除一层（中间的花胚比最后一层花瓣略低些）（见图6-98，图6-99）。

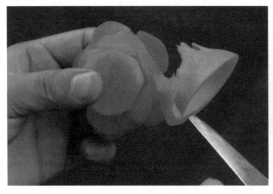

图 6-98

图 6-99

（9）茶花的花心是丝状的，制作时主刀在中心花胚边缘处开始下刀，切出一片薄片，厚度上口在0.5毫米左右，下方连接处为1毫米左右，每切出一片去一片废料，这样使丝状花心更明显，片状切好之后再用相同的方法，十字交错制作出丝状的花心，花心制作完成后整朵花也就完成了（见图6-100，图6-101，图6-102，图6-103）。

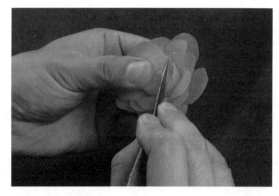

图 6-100

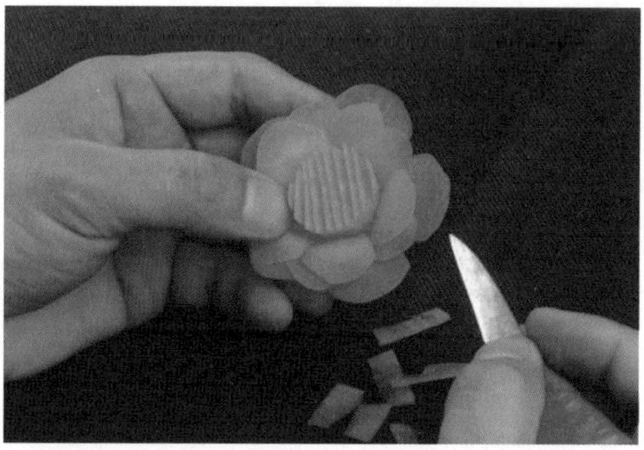

图 6-101

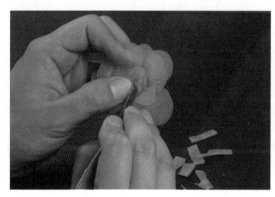

图 6-102

图 6-103

制作小贴士

（1）在第一步修五边形时，如果没有把握可以先下刀浅一些，再根据花瓣雏形大小左右移动，小的一片向大的一片方向移动加深，从而使花瓣大小一致五等分。

（2）在雕刻完第一层花瓣去废料时，应将前一层花瓣用食指轻轻向外推开，以免刻到前一层花瓣。

（3）花心雕刻片状改丝状时，应用拇指和食指捏住雕刻好的片状，这样雕刻出的丝状花心才会更加整齐。

总结思考

（1）茶花的种类繁多，颜色也比较丰富，有红色、白色、黄色等，所以制作茶花的材料也多种多样，如心里美、胡萝卜、南瓜、紫菜头等都是理想的原料。

（2）茶花的花心也可使用不同的原料制作，和花瓣颜色形成反差，如胡萝卜配南瓜花心，心里美配青萝卜花心，白萝卜配胡萝卜花心等等，制作时可以将中间花胚挖去，再将雕刻好的花心填入花胚中。花心可以直接雕刻出，也可以切丝状料沾粘。

（3）茶花花瓣的制作方法是横刀法，中间拼装花心，类似此法的花还有荷花、桃花、兰花等，掌握了茶花雕刻技法后，其他一些丝状或块状花心的花卉便可以举一反三地进行制作。

实例五 睡莲/water(见图 6-104)

图 6-104

睡莲又称子午莲、水芹花,是属于睡莲科睡莲属的多年生水生植物。睡莲是水生花卉中名贵花卉,外型与荷花相似,不同的是荷花的叶子和花挺出水面,而睡莲的叶子和花浮在水面上。睡莲因昼舒夜卷而被誉为"花中睡美人"。它为睡莲科中分布最广的一属,除南极之外,世界各地皆可找到睡莲的踪迹。睡莲还是文明古国埃及的国花(见图 6-105)。

图 6-105

材料:心里美

刀具:V 型刀、平口主刀(见图 6-106)

制作步骤

(1) 选用新鲜的心里美萝卜,用主刀把萝卜表皮去掉,之后把其修成一个半圆形,高度在 4 厘米左右,花胚直径为 6 厘米左右。此花从内层下刀,表面不用修得很圆整,只要大体圆形即可。用大号的 U 型刀,在圆的中心挖去一块废料,作为莲花的花心,深度在 1.5 厘米左右,掏空(见图 6-107)。

图 6-106

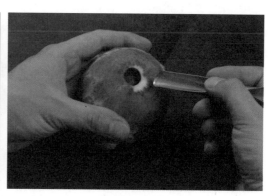

图 6-107

（2）从孔内掏空的刀口平面上方开始下刀，用小号 V 型刀，使用倒挖式的戳刀法，刻出花瓣雏形，再用 V 型刀刻出花瓣（与大丽菊同一方法），V 型面是平口，后面的刀口则是圆弧状，这要求使用戳刀法向内推进时带圆弧角度。一般雕刻 8 片花瓣，十字对称。花瓣厚度在 1 毫米左右。雕刻完花瓣之后，用主刀在花胚上向外变化 15 度左右的角度去废料，先用刀切开一条线再用旋刀法刻一圈（见图 6-108，图 6-109，图 6-110，图 6-111）。

图 6-108　　　　　　　　　　　　　　图 6-109

图 6-110　　　　　　　　　　　　　　图 6-111

（3）去废料时应避开第一层花瓣，让花瓣凸显出来，深度和前一层相近，为 1.5 厘米左右。废料去除后，在两片花瓣的交界处雕刻第二层花瓣，方法同第一层花瓣一样，先去废料修出雏形，再雕刻花瓣。戳刀时要有个弧度，花瓣才会呈现小半圆状的 V 型，就如同鸟嘴的形状（见图 6-112，图 6-113）。

图 6-112　　　　　　　　　　　　　　图 6-113

（4）第二层雕刻好之后去废料，从任意一片花瓣边缘下刀，把要去的废料先切开，再用旋刀法在第二层花瓣的基础上加 20 度斜角，旋转一圈取下废料，去废料的时候注意避让前一层花瓣（见图 6-114，图 6-115）。

图 6-114　　　　　　　　　　　　　　图 6-115

（5）之后再用前面雕刻的方法刻出花瓣，花瓣的长度随着花胚变大而拉长，深度与大小也变长变大，刀具也随之换大（见图 6-116，图 6-117）。

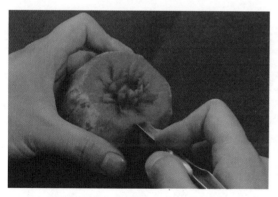

图 6-116　　　　　　　　　　　　　　图 6-117

（6）第三层以后雕刻花瓣的角度变化此原先更大一些，在 20°～25°左右（见图 6-118，图 6-119）。

图 6-118　　　　　　　　　　　　　　图 6-119

（7）雕刻时注意拿刀和拿原料的手法，无名指、拉锯法、左手拿料等手法都需掌握（见图 6-120，图 6-121）。

图 6-120　　　　　　　　　　　　　　　图 6-121

（8）睡莲的中心点在第一刀所挖孔的下方一点，所有去废料和雕刻花瓣刀尖的指向都是这个点。

（9）雕刻最后一层花瓣时应入刀加深，还可以在前一层花瓣下方进行加深，从而取下雕刻好的睡莲（见图 6-122，图 6-123）。

图 6-122　　　　　　　　　　　　　　　图 6-123

制作小贴士

（1）在去废料下刀时遇花瓣处上拉，两片花瓣交界处加深，这样才不会碰到割到花瓣，也可以去干净废料（见图 6-124）。

（2）每次花瓣的角度变化，较前几层花瓣的变化角度在 15°～20°之间，3～4 层之后可以略微加大一些，在 20°～25°左右。

总结思考

（1）睡莲颜色一般有紫色、蓝色、白色、粉色、红色等，所以制作睡莲选用的材料有很多，如白萝卜、青萝卜、土豆等。

图 6-124

（2）雕刻睡莲和大丽菊都是用 V 型刀，区别在于一个是平刀雕刻的花瓣，一个是弧线形雕刻的花瓣。

（3）前几种所讲几种花卉雕刻都是以一个中心点为进刀的方向，不管是去废料和雕刻花瓣，平口刀的方向和 V 型刀的指向都是这个点。它们形成花瓣向外绽放的状态。

图 6-125

实例六　菊花/Chrysanthemums（见图 6-125）

　　这朵菊花的制作比先前制作的白毛菊难度要大好多。白毛菊是利用白菜本身的菜梆制作花瓣，而这朵菊花的花瓣是用 U 型刀一丝一丝雕刻出来的，花瓣由长到短，外层的盛开，到内层的包芯，都在这朵花上凸显出来。

　　菊花采用 U 型刀的戳刀法和主刀平刀法的削。先将花胚修成蛋形，雕花瓣，再修圆，再雕花瓣的重复制法，制成与真花媲美的菊花。

　　材料：心里美萝卜

　　刀具：U 型刀、平口主刀（见图 6-126）

　　制作步骤

　　（1）选用新鲜的心里美作为原料，把心里美去表皮，修成一个蛋形，一头略大，要求表面光滑，这样花瓣才自然没有楞角（见图 6-127）。

图 6-126

图 6-127

　　（2）从大的那头下刀，深度在 3～4 毫米，一般选用宽度在 5 毫米的 U 型刀，执笔法握刀，花瓣前端使用 S 型手法，后端直刀戳，戳到底部时往里加深，使花瓣更牢固。花瓣的数量只要周圈即可，不计数。雕刻时无名指作为刀具与花胚之间的桥梁，起到一个稳定花胚和一个衡量厚度深浅的作用。这一点很重要，必须掌握（见图 6-128，图 6-129）。

图 6-128

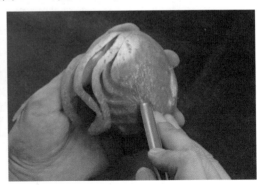

图 6-129

（3）将雕刻好的花瓣轻轻握在掌心里，使花瓣不易变乱，也能保证在下一条花瓣雕刻时不会碰到，也不会阻挡视线。雕刻完一层后松开手心，让花瓣下垂理顺一下，然后再去废料（见图6-130，图6-131）。

图6-130

图6-131

（4）去废料从花胚的顶部开始，用平刀法把雕刻过花瓣的毛料修整齐。但要注意的是花瓣连接处要特别小心，易断。左手拿捏时应拿住上下两端，保持可以转动。把花胚恢复成鸡蛋形（见图6-132，图6-133）。

图6-132

图6-133

（5）第二层前端花瓣还是使用S型雕法，这样增加花瓣的长度。但第二层到底部与第一层交汇时要小心，把刀尖贴住原料走刀，不要碰到前一层花瓣，刀尖要戳到底部，但花蒂要留1.5～2厘米底料连住花胚和花瓣（见图6-134，图6-135）。

图6-134

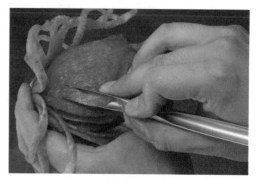

图6-135

（6）完成第二层花瓣后，还是依照前一层方法去废料。此时注意要不断地整理花瓣，花瓣多了容易乱，会影响以下的操作步骤（见图6-136，图6-137）。

图 6-136

图 6-137

（7）随着花胚的变短小，花瓣也越来越短，第四层起可以不用 S 型雕刻，只要略微带斜一些下刀即可。因所雕刻的菊花花型是前几层下垂，中间展开，内层包芯（见图6-138，图6-139）。

图 6-138

图 6-139

（8）由于花瓣渐渐变短，花瓣也竖了起来，中间的花胚也越修越短，成了一个圆球形，此时去废料要更加小心，刀法可以使用刻和旋，U 型刀也可以换小一号，因包芯的花瓣要比原先纤细一些（见图6-140，图6-141）。

（9）花瓣的长度应是逐层变短的，由于中心花胚在变小，到收心时每一层花瓣数量也会减少，花瓣不计数量，只要围花胚一圈即可。花胚始终保持圆整，收心时可以雕刻几片花瓣再把花胚上方修圆，再雕花瓣，这样花瓣才会片片紧包。刻到花胚成一两片花瓣大小时，即完成了菊花的雕刻制作。完成之后可用清水浸泡片刻，让花瓣蜷曲有光泽（见图6-142，图6-143）。

图 6-140

图 6-141

图 6-142

图 6-143

制作小贴士

（1）S 型刀法可以增加花瓣的长度，能让花瓣弯曲，做出的成品更加自然。值得注意的是刀法需要娴熟，这样才不会断。

（2）雕刻花瓣到花胚底部时应尽量缩小连接点，两片花瓣可以略有叠加，这样花瓣比较紧密，接近真花。

（3）雕刻时也可将花胚竖起雕刻，使花瓣自然下垂，不会被前一条花瓣所阻挡，但如果花胚含水量高，或很脆的情况下，则容易断裂（见图 6-144）。

图 6-144

总结思考

（1）雕刻此种菊花难度较大，相近的花卉还有蟹爪菊，金丝菊，墨菊等，制作方法都类似，只要掌握熟练的刀法即可。

（2）菊花颜色各异，选择的食材也多种多样，如土豆、白萝卜、南瓜等均可制作。

实例七　月季花/China Rose

月季(见图6-145)是我国十大名花之一,被誉为花中皇后,它种类繁多,颜色五彩缤纷。有象征爱情和真挚纯洁友情的红月季,有寓意尊敬和崇高的白月季,有表示初恋的粉红月季,珍稀的蓝紫色月季,还有黄色、橙黄色、绿白色、双色、三色月季等。月季还有表示兴旺发达的含意。

材料:心里美萝卜

刀具:平口主刀(见图6-146)

制作步骤

图 6-145

(1) 将原料修成上大下小的圆柱形,上下切面比例为4:3。高度根据原料大小而定,一般在3～4厘米左右。要求:竖面光滑圆整,应用主刀旋刀法一气呵成,这样才能保证花瓣的圆润(见图6-147)。

图 6-146

图 6-147

(2) 在花胚的竖面的三分之二处下刀,大致把花胚分成五等分,去除五片废料,花胚底部呈现等边五边形。如果没有把握可以先下刀浅一些,再根据花瓣雏形大小左右移动,从小的一片向大的一片切下去(见图6-148,图6-149)。

图 6-148

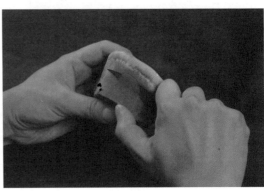

图 6-149

（3）五个花瓣雏形定位后，把两个花瓣雏形之间的刃角修去，因为在雕花瓣时，两片花瓣会有重叠，这样就避免了雕后一片花瓣时会切到前一片花瓣。此步骤还可以将不圆的花瓣略加修整（见图6-150）。

（4）用横刀法刻出五个花瓣，花瓣的厚度上口在0.5～1毫米之间，这样的花瓣看起来很薄很剔透。下面与花胚连接处可以略厚，约1.5～2.5毫米，下口到底部时还可以将刀锋略微往里收一刀，这样花瓣会更牢固（见图6-151，图6-152，图6-153）。

图 6-150

图 6-151

图 6-152

（5）五片花瓣都雕好之后，用执笔法握刀（之后整个雕花过程都是以执笔法拿刀）。用旋刀法在第一层第一片花瓣三分之一处下刀，一直到第二片花瓣三分之二处收刀去废料，这一刀去废料是形成花瓣的圆面，修整花胚保持上大下小。如以花胚中心点为竖线的话，此时去废料的圆面应与中心线形成大约45°角（见图6-154，图6-155）。

图 6-153

图 6-154

（6）还是从第一层第一片花瓣三分之一处下刀，一直到第二片花瓣三分之二处收刀去废料。这一刀去废料是修出花瓣的雏形圆边。花瓣应修成半圆形，修雏形时刀的游走应尽量少

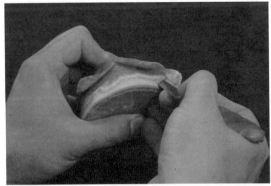

图 6-155

切到花胚,这样就不会影响后面一片花瓣的雕刻。第二层花瓣的高度是花胚的四分之三,这样雕出来的月季更有层次感(见图 6-156,图 6-157)。

(7)修整出第二层第一片花瓣的雏形,用刀把花瓣旋出来,保持上薄下厚,上口厚度在 0.5~1 毫米之间,下口花胚连接处在 1.5~2.5 毫米左右(见图 6-158,图 6-159)。

(8)第二层第二片花瓣在第二层第一片花瓣中间起刀,一直到第一层第三片花瓣三分

图 6-156

图 6-157

图 6-158

图 6-159

之二处收刀。这一刀去废料是修出花瓣雏形的圆面,角度还是保持 45 度,刀面呈圆弧状,之后一刀再去废料是修出花瓣雏形的半圆形边,再用旋刀法雕出花瓣。其后的第三、第四片花瓣均以此类推(见图 6-160,图 6-161,图 6-162,图 6-163)。

(9)修花瓣雏形圆面是去废料的关键点。废料去除时应入刀从上而下至花胚的三分之二处,刀尖抵住前一层花瓣,但不要切到花瓣,要刚好把废料切断。废料应该是上厚下尖,如果把废料横切开,应是一个 10°~15°的尖角。然而雕花瓣时下刀应是上薄下厚,上口厚度在 0.5~1 毫米之间,下口花胚连接处约在 1.5~2.5 毫米。下刀深度应是花胚的四分之三处,也确保

图 6-160

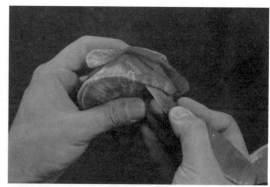

图 6-161

图 6-162

图 6-163

了花瓣不会掉落(见图 6-164,图 6-165)。

图 6-164

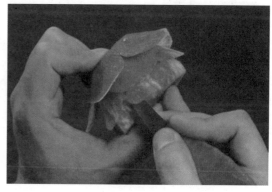

图 6-165

　　(10) 左右手的配合也关键。左手既要确保原料能拿稳,又能使原料在左手中自由地旋转,配合右手的操作。而右手持刀应把握好拿刀的手势和长短,因大原料和小原料雕刻时所需要刀锋的长度不同,所以在握刀时要控制好长度,也就是刀尖到你所持刀点的距离。正确的拿刀手势应是像拿笔一般,叫做执笔法。三个手指应紧握住刀,雕刻时无名指应搭在原料上,一是稳定左手原料和右手刀的平衡默契,二是衡量进刀的深度,三是为雕刻中所使用的拉锯法做一个支撑点。拉锯法也是雕刻中一个重要的方法。拉锯法顾名思义是就是像拉锯一样切割原料,利用大拇指、食指、中指握刀,然后通过三个手指上下弯曲,形成拉锯式,从而轻松地切断原料。雕刻时左手大拇指按住花胚上方,四个手指拖住下方拿捏抓住花胚中心点转动原料,从而配合右手操作(见图 6-166)。

(11) 第三层和第四层关键是一个花瓣的角度变化,还是以中心线对比,第三层角度在 25° 左右,然而第四层基本是和花心中心线平行,因为中心线的位置始终要留直径 2 厘米左右的圆做花心,每一层的花瓣区别是花瓣在逐渐变小(见图 6-167)。

图 6-166

图 6-167

(12) 第五层开始收心,此时要注意角度的变化。第四层是垂直平行,那么第五层就是反角向里收心了。花瓣的形状也从原来的半圆形变成了尖圆形。就像一个鸡蛋原先是大的那头,现在是小的那头。由于花心比较小以后原先的手势无法拿捏,收心时应换成掌握式,手掌成托状轻轻地托住花胚(不可用力,只能轻托),并能保持旋转,用力过猛则花会碎裂(见图 6-168,图 6-169)。

图 6-168

图 6-169

(13) 到收心时的关键是花瓣的张数已经不是五张了,可能是四张,也可能是三张,以花胚大小而论。还有一点几片花瓣拼出的几何图形并不是一个圆形了,先是一个四边形,之后再以三角形收心,下刀反角的角度也越来越大,直至把剩余的花胚盖住,此时去废料只是略微地把花瓣修成尖圆形,再雕出花瓣,下刀深度也可以变浅,只要能包裹住花心即可。至此一朵月季花就雕刻完成了(见图 6-170,图 6-171,图 6-172)。

制作小贴士

(1) 运用旋刀法一气呵成,不管是去废料和雕花瓣都应连贯,下刀时不要停顿才能使花瓣

图 6-170

图 6-171

光滑圆整,中途停顿就会使花瓣有断痕。

(2) 始终保持边口薄透,这样成品在水中略微浸泡花瓣会自然翻转扭曲,更接近真花。

(3) 收心的关键是花瓣的张数已经不重要,一般为三到四片,以花胚大小而论。花瓣在收心时拼出的几何图形应先是一个四边形,之后再以三角形收心(见图 6-173)。

图 6-172

总结思考

(1) 月季花的种类繁多,制作月季花的材料也多种多样,如心里美、胡萝卜、南瓜、紫菜头等都是理想的原料。

(2) 月季花的第一层为横刀法,如花胚大的花还可以延续第一层的雕刻方法,让花瓣盛开,之后再采用旋刻法。以横刀法制作的花卉有茶花、荷花等。

(3) 掌握月季花雕刻放法后还可尝试在大型的西瓜、白瓜上用旋刀法雕刻花卉,刀法相近,但是与在较密实的萝卜相比,要雕刻的略微厚一些(见图 6-174,图 6-175)。

图 6-173

图 6-174

图 6-175

实例八　马蹄莲/Common Calla（见图6-176）

图6-176

马蹄莲,别名观音莲、慈姑花、水芋马。在欧美国家是新娘捧花的常用花。花色有白、红、黄、银星、紫斑等,一般的说白色的称为马蹄莲,彩色的我们叫海芋。马蹄莲寓意纯洁、纯净的友爱*,气质高雅 ,春风得意,纯洁无瑕的爱。

材料:白萝卜、胡萝卜、莴笋

刀具:平口主刀、拉线刀(见图6-177)

制作步骤

(1) 选用新鲜的白萝卜,先切出一个斜面,作为花顶部的喇叭口,斜度夹角为60°左右,用主刀在花胚上方尖角处削出一个圆弧形,刻出花瓣边缘尖角自然弯曲的圆弧(见图6-178,图6-179)。

(2) 初步定位马蹄莲的花瓣只有一片,是螺旋形包叠的,在花胚下方刻出叶片卷边包叠的边缘。上片压住下片就可以(见图6-180)。

(3) 在斜面四周修去多余的原料,修出一个蛋形。初步定位马蹄莲的喇叭口大小,可以略带一些波浪,做出

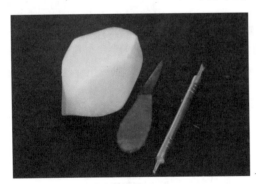

图6-177

图6-178

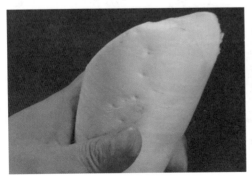

图6-179

图6-180

的马蹄莲更加逼真。花瓣的四周边口修成圆弧状（见图6-181，图6-182）。

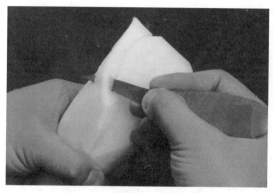

图 6-181

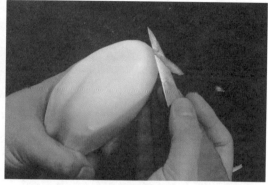

图 6-182

（4）在喇叭口圆弧下方0.5厘米处，用主刀沿着喇叭口勾勒出一条线，深度在1厘米左右，让喇叭口凸显出来；整个花胚修成上大下小状；还要留出花胚顶端花瓣弯曲的尖角（见图6-183，图6-184）。

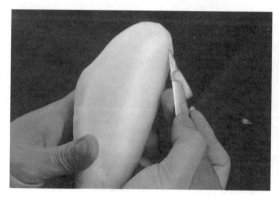

图 6-183

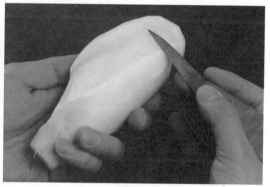

图 6-184

（5）初步把花胚刻成马蹄状，上口呈鸡蛋状，下方收口削尖。在上口用主刀旋刻挖出喇叭口，深度在3～4厘米，应贴住喇叭口的四周。外边缘留出卷口，刻成圆弧形（见图6-185，图6-186）。

图 6-185

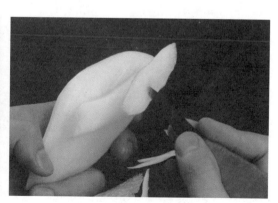

图 6-186

（6）挖喇叭口时应逐步加深，防止刀偏离中心位置。用拉线刀去除花瓣边缘卷口内的余料，让边口看起来呈半透明状（要求是薄而不破）。如没有拉线刀也可以用 U 型刀代替（见图 6-187，图 6-188）。

图 6-187

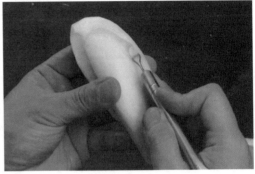

图 6-188

（7）边缘修薄之后用主刀把花体也修薄，厚度为 1～3 毫米，边口薄一些，下面可以略厚一些。要求把花体修得光滑圆整，不能有楞角（见图 6-189，图 6-190）。

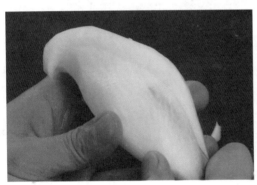

图 6-189

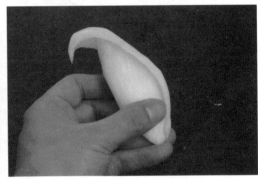

图 6-190

（8）花蕊制作，选胡萝卜先切一片 5 毫米左右的片，再将其修成见方，长度约为整个花体的一半，头部位置比下方略粗，带少许弧形，下方插入花胚中，再加胶水粘合。整个花蕊位置应露出喇叭口 1～1.5 厘米。弧度应向前方微微倾斜（见图 6-191，图 6-192）。

图 6-191

图 6-192

（9）花杆制作。选用清脆的莴笋做花茎。先在顶部修成出一个卡槽,大小和造型参照马蹄莲的底部大小,要刚好把花的底部卡到花茎中(见图6-193,图6-194)。

图 6-193

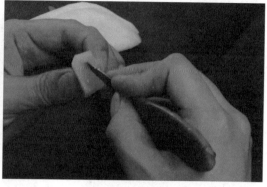

图 6-194

（10）用牙签在莴笋花茎卡槽处与马蹄莲花根部作为连接加固,还可以加502胶水粘合更为牢固。粘合连接后用主刀把花茎修圆整,约1厘米粗细,与花连接部应略粗,刚好和花蒂衔接住,应包裹在花蒂的外部,和花蒂呈流线型。到此,马蹄莲制作完成(见图6-195,图6-196)。

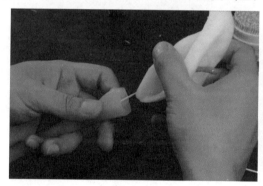

图 6-195

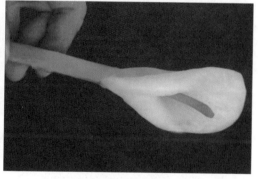

图 6-196

制作小贴士

（1）白萝卜选料时应选择洁白饱满的,有点空心或者不新鲜的会影响作品的美观,没有那种晶莹剔透的感觉。

（2）花瓣边缘不宜太过规则,让其有些翻转和卷翘,看起来更接近自然(见图6-197)。

（3）做花茎的莴笋较为脆软,可以在中心插入一根竹签加固(见图6-198)。

总结思考

（1）因马蹄莲的种类有很多颜色,如黄色、白色、粉色、紫色等,在制作选料上还可选择青萝卜、南瓜、心里美等原料制作花胚,花茎可以用芥兰、山药等代替。

（2）刀法上马蹄莲多用横刀法雕刻,始终保持着线条的流畅。与其相近的花朵制作有红掌、粉掌等。

（3）拼装的制作方法让不同颜色的原料结合起来,起到一个色彩反差,让作品看起更加真实生动,有以假乱真的效果。一般拼装的材料有牙签、竹签、细铁丝、502胶水等。

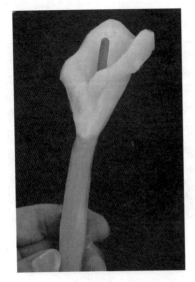

图 6-197

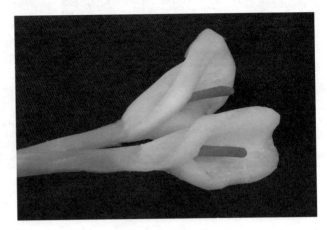

图 6-198

实例九　牡丹花/Peong(见图 6-199)

牡丹,花中之王,是中国国花,寓意吉祥富贵,也是国人最为喜爱的花卉之一。从唐代起,牡丹就被推崇为"国色天香"。牡丹统领群芳,地位尊贵。唐代诗人白居易"花开花落二十日,一城之人皆若狂"和刘禹锡"唯有牡丹真国色,花开时节动京城"等脍炙人口的诗句,生动地描述了当时人们倾城观花的盛况(见图 6-200)。

图 6-199

图 6-200

食品雕刻中牡丹的制作方法有很多种,下面介绍两种方法供大家学习参考:一种是从花心处向下旋刻的为图中右边一朵。另一种是花的底部向上旋刻收心的为图中左边一朵。这两种方法是烹调师考级项目。此外,还有如月季花一样用平刀法雕刻,以及雕刻出单片花瓣后用胶水粘合的方法。

一、盛开式牡丹(由花芯向下旋刻)

材料:心里美萝卜

刀具:U 型刀、平口主刀(见图 6-201)

制作步骤

(1) 先将心里美萝卜修成一个馒头型花胚,高度约为 4~5 厘米,直径的按原料大小而定,一般在 5~7 厘米之间为好,要求颜色鲜艳无空心。在花胚中心的位置用 1 厘米直径的 U 型刀旋转一圈,深度在 1 厘米左右,把圆心的废料去除,挖出一个小孔(见图 6-202)。

(2) 主刀在孔内沿着内边以波动式下刀,雕出一片半圆形的花瓣,花瓣上薄下厚要呈锯齿形,占圆孔的一半左右周长,深度为 1.2 厘米左右。第一片花瓣刻好之后,在花瓣的三分之二处下刀去废料,刀尖抵到花瓣的根部位置,要刚好能把废料切断。以花胚中心为中心线,角度变化为 5°左右,薄薄的修出一个半圆,连接住原先的小孔,再用波动式的刀法刻出第二个花瓣。

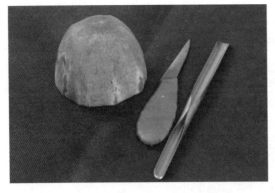

图 6-201

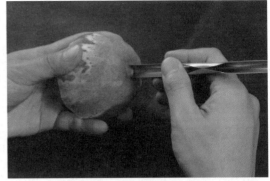

图 6-202

波动式刀法操作要点:让刀刃向内、向外地来回摆动(摆动幅度应在0.5毫米之间),让花瓣形成锯齿状(注意,不要切断花瓣),下刀深度要大于孔的深度,花瓣厚度上口边缘为0.5毫米左右,下口与花胚连接处在2毫米以内(见图6-203,图6-204)。

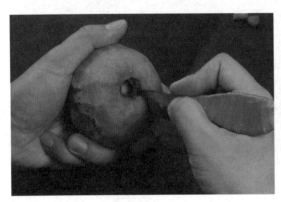

图 6-203

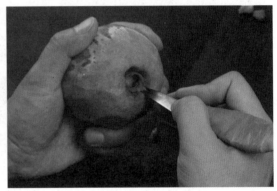

图 6-204

　　(3) 在第一层花瓣完工之后,第二层花瓣去废料应加大角度变化,中心线至去废料的角度为30°左右。之后每一层去废料时和上一层花瓣形成的角度均为25°左右,去废料下刀的深度约为1.5厘米。之后随着花瓣的变大,去废料的深度和雕刻花瓣的深度逐渐变深,这样雕刻出来的花才有立体感。还要注意的是在之后的雕刻过程中,雕刻花瓣的深度要比去废料的深度略微深一点,这样才能干净地去除废料。在修出花瓣的雏形时先刻出三个波浪,去除的废料应像一个3字形。雕刻时在第一个波浪处下刀,刀尖在根部内侧波浪起始处,然而刀身则在第一个波浪的中间,也就是刀要有所偏移,在花瓣收尾时要按相反的方向收刀,这样雕出来的花瓣才是半圆形的。在这个大波浪的基础上,在用上述所讲的波动式运刀法刻出花瓣(见图6-205,图6-206)。

　　(4) 重复以上的步骤,但要注意的是花瓣逐渐变大,刻花瓣和去废料的深度也逐渐加深。确保每一片花瓣是一个半圆形,以及每一片花瓣是波浪形,叶边带有齿轮状。去废料时保持修整的干净,不留余料(见图6-207,图6-208)。

　　(5) 在到4~5层花瓣时,花瓣的角度应和中心线程90°角,花瓣的周长跨度大小将不再变大。应保存在占整个周长的三分之一左右(见图6-209,图6-210)。

图 6-205

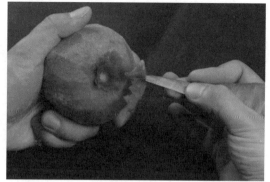

图 6-206

图 6-207

图 6-208

图 6-209

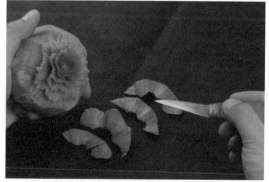

图 6-210

（6）过了 90°花瓣以后，下面的花瓣应加大角度的变化，花瓣应减少向下延伸，可以看出整个花体是以花心下方 2 厘米处为中线点的放射形状。如以中心点为原点放射，那么刀尖的位置应在原点处，花瓣向下生长。这样能雕刻出牡丹盛开的花态（见图 6-211，图 6-212）。

（7）雕刻到花胚底部时，最后一层花瓣应该加深入刀，切断废料，如有废料未能去除，可翻转过来用刀横切去除，此花完工（见图 6-213，图 6-214，图 6-215）。

图 6-211

图 6-212

图 6-213

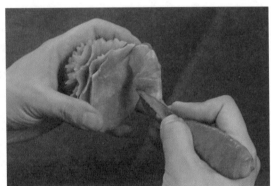

图 6-214

制作小贴士

（1）波动式刀法是制作牡丹特有的方法。通过抖动让其花瓣不规则，方法是让刀刃向内向外的来回摆动，使花瓣形成锯齿状，但不要切断花瓣（见图 6-216）。

图 6-215

图 6-216

（2）雕刻花瓣的深度要比去废料的深度略微深一点，这样才能干净地去除废料。

总结思考

（1）牡丹花的选料比较广泛，因牡丹的颜色有很多种，花种都比较大器，故不受颜色所限制,常用的原料有心里美、胡萝卜、南瓜、山芋等。

（2）刀法的掌握。牡丹的刀法主要是旋刀法,关键要练习的是旋刀法中角度的控制,下刀的角度,下刀时斜度,上下等等都很关键。在食品雕刻中旋刀法比较实用。

二、包芯式牡丹

材料:心里美萝卜(由花底部向上旋刻)

刀具:平口主刀(见图6-217)

制作步骤

（1）将心里美萝卜修成馒头形,直径根据原料大小,高度一般在3～4厘米。

（2）在半圆的平面开始下刀,刀尖在偏离圆心约1厘米处,刀身靠近花胚边缘,带斜一点波动式下刀,使花瓣形成一个齿轮形半圆,收刀时也是同样,刀身从花胚边缘向花心处斜

图 6-217

移,整个花瓣呈齿轮形半圆,花瓣跨度占圆周的一半或五分之二左右。波动式刀法的要点是,让刀刃向内向外的来回摆动,摆动幅度应在0.5毫米之间,让花瓣形成锯齿状,不要切断花瓣。下刀深度在中心点外1厘米半径即可,花瓣厚度上口边缘为0.5毫米左右,下口与花胚连接处在2毫米以内(见图6-218,图6-219)。

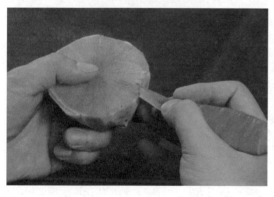

图 6-218

图 6-219

（3）在第一片花瓣三分之二处下刀,第一层角度变化小一些,在15°左右,去除一块跨度为圆周的四分之一左右的废料,由于第一层花瓣为一个平面,所以不可去除太多废料。废料收刀时应回到花胚平面上。第二片花瓣雕刻方法同第一片花瓣,用旋刀法,波动式。大小等都参照第一片(见图6-220,图6-221)。

（4）第一层三片花瓣刻完之后,去废料的角度变化应加大,一般在30°左右,去废料的深度要比花瓣的深度略浅一些,刀尖刚好抵到前一层花瓣。还有要注意的是在之后的雕刻过程中,雕刻花瓣的深度要比去废料的深度略深一点,这样才能干净地去除废料。但是中心的位置始终要保留2～3厘米左右的花心位置(见图6-222,图6-223)。

（5）在雕刻好第一层花瓣之后,去废料跨度为剩余花胚圆周的一半或五分之二左右,花瓣也要达到圆周的一半或五分之二左右。每一片花瓣的三分之一都是相互叠在一起的,也就说

图 6-220

图 6-221

图 6-222

图 6-223

花瓣的前后都是叠住三分之一的,同时确保花瓣带齿轮的半圆(见图 6-224,6-225)。

图 6-224

图 6-225

(6) 在雕刻到第四层左右,随着花胚的逐渐变小,花瓣角度也从原先的 180°转为了 90°,花瓣也随之变小,但是花瓣的半圆与齿轮不变。确保收花心前,花胚还有足够的空间(见图 6-226,图 6-227)。

(7) 第五层开始收心,这时要注意角度的变化。如果第四层是垂直平行,那么第五层就是反角向里收心了。花瓣的形状也从原来的半圆形齿轮变成了尖圆形齿轮,就像一个鸡蛋原先是大的那头,现在是小的那头。由于花心比较小以后原先的手势无法拿捏,收心时应换成掌握

图 6-226

图 6-227

式,手掌成托状轻轻地托住花胚,不可太用力,只能轻托,使其能在掌心中旋转(用力过猛则花会碎裂)。到收心时几片花瓣拼出的几何图形并不是一个圆形了,先是一个四边形,之后再以三角形收心,下刀反角的角度也越来越大,直至把剩余的花胚盖住,此时去废料只是略微地把花瓣修成尖圆形,略微抖动雕出齿轮形花瓣,下刀深度也可以变浅,只要能包裹住花心即可。到此就完成了牡丹花(见图 6-228,图 6-229,图 6-230)。

图 6-228

图 6-229

制作小贴士

(1) 花瓣的形状始终保持半圆形,半圆的跨度随着花胚的变化由大变小。因此下刀刻花瓣时入刀的角度不能与花胚垂直,而应与花胚呈一定的斜角,才可雕刻出圆弧状的花瓣。

(2) 花瓣之间的角度变化是一朵花的关键,以花的底部到花心刚好是一个 90°的直角,也就是说,你雕的前 3~4 花瓣应在这个范围内把 90°平分(见图 6-231)。

总结思考

(1) 牡丹是最常见的最通用的一种花卉,掌握好牡丹的雕刻技法,可以在立雕中发挥作用。如雕刻一只小鸟,鸟雕完后可在底部的余料上雕刻花朵,使立雕更生动。

(2) 两种方法的不同点是一个是从中心开始向外延伸,一个是从底部开始收心,一朵是含苞欲放,一朵的是盛开的。但所用的雕刻方法都是旋刻法。

图 6-230   图 6-231

实例十　寿带鸟/Terpsiphone paradisi(见图 6-232)

寿带鸟又名绶带鸟、一枝花、白带子、紫带子等。传说它们是"梁山伯与祝英台"的化身,寓意着幸福长寿。在我国的传统工艺品中,常借用寿带鸟的美好寓意表达良好的祝愿。

图 6-232

在中国明、清两代的青花瓷器中常见"花卉绶带鸟纹"图。如一件器物上的《齐梅祝寿》图就是根据"举案齐眉"的故事,绘成一对绶带鸟双栖双飞在梅花与竹枝间的瑞图,以双寓"齐",以梅谐"眉",以竹谐"祝",以绶谐"寿",寓意夫妻恩爱相敬、白头偕老。

绶带是古代官吏佩官印所用的彩色丝带。绶与寿谐音,寓意高官与长寿。

材料:南瓜、仿真眼、心里美

刀具:平口主刀、V 型刀、U 型刀、刻线刀(见图 6-233)

制作步骤

(1)选择一个长脖子的南瓜,长度在 20 厘米以上,直径在 8 厘米左右,要求南瓜无空心,质地紧密,不可太过老熟(老熟成丝状),用剥皮刀或主刀把南瓜表皮去除干净后待用。把底部切平,应找到原料整体的重心点,能让其站立。

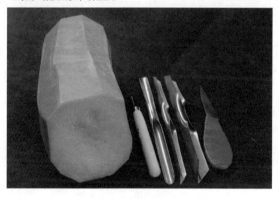

图 6-233

(2)将原料从头部四分之三处下刀,斜刀切出 V 字形,再将边缘修斜一些,正面呈一个梯形,这是为雕刻鸟的头部做准备。在梯形的基础上前后两边左右各一斜刀将其修尖,上面俯视呈一个前边较短后面较长菱形,前端是做鸟的嘴巴,后端是鸟的冠羽(见图 6-234,图 6-235)。

(3)从后端尖角处开始下刀,以一个 S 形刻出寿带鸟的冠羽雏形。后端扁平一点,前端弧度大些,雕刻出鸟的头部雏形,在前端尖角处雕刻出鸟的嘴巴雏形,应略带一些弧度,可以再将嘴巴的长度按两边对角修的方法修尖(见图 6-236,图 6-237)。

(4)在头雏形两侧左右各一刀修圆,修出鸟的额头。在嘴巴雏形上方也是左右各一刀把上嘴修尖,在嘴尖处向内切进到鸟的颊处,此处为鸟嘴巴张开的大小,在上嘴的三分之一处向内修进两凹槽,雕刻出鸟的舌头,去除废料,让舌头微微上翘。再修整下嘴的长度,还是以两边夹角的方法。一般鸟的下嘴比上嘴短四分之一左右。沿着下嘴圆弧式下刀,勾勒出鸟嘴的形状,再将两侧也修成尖角(见图 6-238,图 6-239,图 6-240)。

(5)先在鸟冠羽雏形后方下刀,把鸟的冠羽修出来,应是向上翘起。修出鸟的颈部,出刀时应直接连接到背部,线条要流畅。在下嘴方直接雕刻出鸟的喉部,之后连接住胸部,胸部应微微向外突出。保持线条的流畅和鸟身体转动的弧度(见图 6-241,图 6-242)。

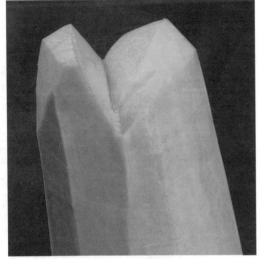

图 6-234

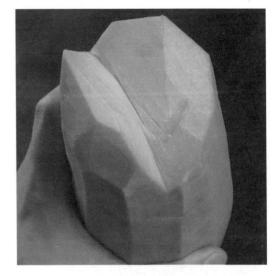

图 6-235

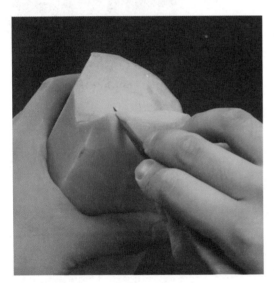

图 6-236

图 6-237

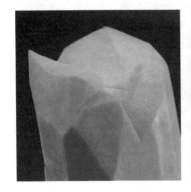

图 6-238

图 6-239

图 6-240

图 6-241

图 6-242

（6）在鸟的背部，用刻线刀刻出翅膀的线条轮廓，中心线应沿着鸟身体的转动角度而变化。因鸟的身体是左侧弯曲的，所有左边的翅膀应该比右边短一些。一般小型鸟的翅膀为四层，小复羽、中复羽、大复羽、初级飞羽。先把鸟的背部修光滑，用 U 型刀雕刻出鸟的小复羽，此种刀法为两个步骤，第一刀先和表面呈 30°左右的夹角戳进原料 5 毫米深；在第一刀基础上上移 3 毫米左右，改 45°角，深度相同，两刀交错，去除废料即可（见图 6-243，图 6-244）。

图 6-243

图 6-244

（7）分别用 U 型刀制作翅膀的几层羽毛，每制作一层用主刀把雕刻好的羽毛下方废料去除，让羽毛凸显出来，最后一层羽毛用刻线刀画上羽毛主筋。由于身体是往左侧弯曲，所以，左侧的羽毛排列可以略微紧一些，层次不变。在雕刻完羽毛后，把飞羽下方的废料全部去除，留出雕刻尾部的侧尾羽的位置，贴合身体的弧形，保持圆整光滑（见图 6-245，图 6-246）。

图 6-245

图 6-246

（8）用 V 型刀在翅膀下的位置，雕刻出鸟的侧尾羽，两侧应各 5 根左右，长度两侧较短，中间的部位较长。雕刻完之后用主刀再把下方废料去除，使侧尾羽凸显出来，再用大号 V 型刀雕刻出两条主尾羽，之后把下方的废料去除干净，让尾羽全部都凸显出来（见图 6-247，图 6-248）。

图 6-247

图 6-248

（9）在鸟身体下方腹部的位置，用主刀将原料修平，留出雕刻脚的位置，小鸟一般都是以半蹲式的姿势站立，腹部和脚杆应呈 V 字形，脚杆下方和后面一个脚趾也呈 V 字形，前面三个脚趾应呈三角形，用主刀将三角形分开，刻出三个脚趾，再把脚趾边上多余的料去除，让脚凸显出来（见图 6-249，图 6-250）。

图 6-249　　　　　　　　　　图 6-250

（10）以上述同样的方法雕刻出左脚（两个脚的位置应一高一低，凸显自然）。一般小鸟的脚的长度占身体的一半左右（见图 6-251，图 6-252）。

图 6-251　　　　　　　　　　图 6-252

图 6-253

（11）先用主刀将小鸟身体下方的原料修成不规则的假山石状锥形，再用 U 型刀和 V 型刀雕刻出假山石的纹路。在鸟的头部装上眼睛，在颈部雕刻出耳羽，让头部凸显出来。用 V 型刀在心里美萝卜的表皮上刻出小草，装点在假山石上即可（见图 6-253）。

制作小贴士

（1）雕刻好头部后，下方身体应和其头部呈现一个转动的角度，鸟或抬头仰望、或低头俯视、或扭头张望，这样的设计较为活泼生动。如鸟的头和身体在一条直线上，那么鸟的形态就比较死板。

（2）雕刻好的作品一般在浸水之后再进行修整，因为浸水后原料表面更加饱满结实，便于修整。

（3）南瓜的直度、弯度各不相同，雕刻时可以根据原料的形状来设计自己的作品，或让鸟身体的蜷曲，或避开弯曲等。切站立点时，如原料弯曲也应找到中心重力点。用大刀将其切平，一般选择在直径较粗的横切面上。

总结思考

（1）鸟类雕刻的品种还有很多，大体是一些寓意吉祥的鸟类，如雕刻老鹰"雄鹰展翅"寓意事业蒸蒸日上，雕刻仙鹤"松鹤延年"寓意健康长寿，雕刻喜鹊"喜上眉梢"寓意吉祥喜庆。

（2）一般雕刻鸟类的原料也比较广泛。如白萝卜、青萝卜、南瓜等。但雕刻时应根据所雕刻鸟的种类选择原料。如雕刻天鹅、仙鹤等应选用白萝卜，作品洁白剔透；凤凰、孔雀等大多先用南瓜为原料，因为南瓜雕刻的作品立体感比较强，层次分明。

（3）鸟翅膀可以直接雕刻在主体上，也可进行拼装，不同种类的鸟，翅膀的种类也不同，拼装的话较为方便，但要注意拼装的角度，让鸟呈现一个怎样的姿势，都很重要。但如果是雕刻出来也可以分贴合身体或展翅、或微张翅膀的，后两者制作时较难。

实例十一 鲤鱼/Carp(见图6-254)

鲤鱼一直是亚洲各国相当受欢迎的一种吉祥的动物。鲤鱼的象征意义很多,因为"鱼"的发音与"余"是同音,年年有余代表每年会有结余。"鲤"的发音与"利"相同,所以鲤鱼也用来象征生意中收益和盈利。中国人在传统过年时的年夜饭必须要有鱼,这也代表家中来年大吉大利,希望一年的生意活如流水,能够攒到积蓄。不仅如此,鱼也广泛用来解释风水之说,可以招财、招福,还可以挡灾、避祸。

古代传说黄河鲤鱼跳过龙门,就会变化成龙。比喻中举、升官等飞黄腾达之事。也比喻逆流前进、奋发向上。"俗说鱼跃龙门,过而为龙,唯鲤或然。"

材料:南瓜

刀具:U型刀、平口主刀、V型刀、刻线刀(见图6-255)。

图 6-254

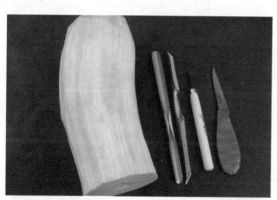

图 6-255

制作步骤

(1)选择一个长脖子的南瓜,长度在20厘米以上,直径在8厘米左右,要求南瓜无空心,质地紧密,不可太过老熟(老熟成丝状),用剥皮刀或主刀把南瓜表皮去除干净后待用;把底部切平,应找到原料整体的重心点,能让其站立。

(2)在原料的三分之二处下刀,先切出一个V字形,两边浅一点,中间深一点。沿V字雕刻出整个鱼尾的形状,鱼尾的造型是卷翘的,所以在下方切进去,修出圆弧状(见图6-256,图6-257)。

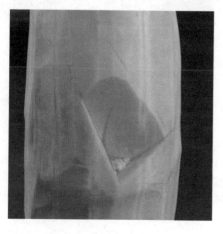

图 6-256

图 6-257

（3）修出鲤鱼的轮廓，如一个大写的 J 字形，鱼肚子正面略宽，鱼背稍窄，使整个鱼身呈梭子形（见图 6-258，图 6-259）。

图 6-258　　　　　　　　　　　　　　　　图 6-259

（4）先把头部修尖，V 字形切开，修出鱼嘴的形状，用 U 形刀挖深鱼嘴。再用刻线刀沿着鱼嘴四周勾勒出鱼唇的轮廓，修圆凸显出鱼唇（见图 6-260，图 6-261）。

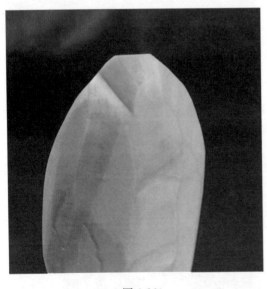

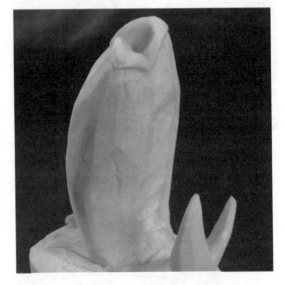

图 6-260　　　　　　　　　　　　　　　　图 6-261

（5）用刻线刀勾勒出鱼头的轮廓，主刀把轮廓凸显出来，在轮廓边缘修出鱼脸的裙边，再用主刀把裙边凸显出来；用 U 型刀雕刻出鱼鳞，此种刀法分两步进行，第一步刀和原料表面呈 30°左右的夹角戳进原料 5 毫米深，在第一刀基础上上移 3 毫米左右，改 45°角，深度相同，两刀交错，去除废料即可（见图 6-262，图 6-263）。

（6）用上述方法在鱼身的两边雕刻出鱼鳞，每片鱼鳞的位置应该是上下两片交错的，也就

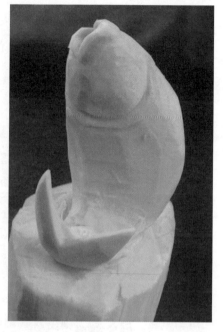

图 6-262

图 6-263

是说第一层的两片之间雕刻第二层的一片鱼鳞。在鱼脸的中心偏上的位置用 U 型刀去除一块废料,放入鱼眼(见图 6-264,图 6-265)。

图 6-264

图 6-265

(7) 取 2～3 毫米厚的料,用主刀修出背鳍、腹鳍、胸鳍的雏形。用刻线刀在表面刻出鱼鳍的纹理,正反两边都要刻。分别在腹部、胸部和背部用主刀开槽,把雕刻好的鱼鳍插入槽中,再用胶水加固(见图 6-266,图 6-267)。

图 6-266

图 6-267

（8）底部废料修成浪花雏形，雕刻一些小圆球作为水珠。用 V 型刀刻出两条鲤鱼须装入鲤鱼头顶嘴巴上方即可，再用刻线刀雕出尾部纹理（见图 6-268，图 6-269）。

图 6-268

图 6-269

（9）用 V 型刀在浪花雏形上加深纹理，使浪花逼真，配上小水珠。然后在清水中略微浸泡，加以修整即完成鲤鱼的制作（见图6-270）。

制作小贴士

（1）制作鳞片的方法，还有一种是先用 U 型刀雕刻一层鳞片，再用主刀去废料，把鳞片凸显出来，之后再整齐地排列一排鳞片，然后去废料，以此类推。这种做法较为复杂，上文所讲的方法比较简单实用。

（2）制作鱼眼可以选用西瓜皮或冬瓜皮制作。方法如下：瓜皮先用小号 U 型刀画一个圆圈，再用大号 U 型刀在小圆的外圈画一个圈，刻下大圆，再将大圆到小圆之间的一块表皮去除，去除后内圈小圆是深绿色接近眼珠，外圈是白色接近眼白。

（3）制作浪花时应考虑到整体的效果。先定位出主要几朵浪花的位置，再配合水流和小的浪花，以及配合水珠，浪花和鱼的衔接点要小，让浪花托起鲤鱼，仿佛鲤鱼马上要跃离浪花。

图 6-270

总结思考

（1）鱼类雕刻的品种还有很多，如雕刻神仙鱼制作"海底世界"，雕刻金鱼制作"金鱼戏莲"，雕刻海豚制作"海豚嬉戏"等作品，都寓意着吉祥欢快，年年有余。还可以配合一些小蟹小虾，寓意丰收。

（2）一般雕刻鱼类的原料也比较广泛，如胡萝卜、白萝卜、青萝卜、南瓜等。雕刻时可根据所雕刻鱼的种类选择原料；如雕金鱼等应选用白萝卜、胡萝卜进行组合搭配，体现金鱼的多彩。如雕刻鲤鱼、神仙鱼等大多先用南瓜为原料，因为南瓜雕刻的作品立体感比较强，层次分明；雕刻海豚等则可以选用青萝卜，作品翠绿清透，给人清新的感觉。

（3）鱼的鱼鳍也可以直接在鱼身上雕刻出来，但事先要在背、胸、腹等部位把鱼鳍的雏形留好（制作方法同上）。鱼与鱼鳍整体雕刻难度会提高很多。

第三篇
盘饰制作

第七章　盘饰概述

本章主要是对盘饰作一个概括的介绍，如盘饰的概念、种类，采用的工具等，以使学员在学习制作之前先有一个初步的了解。

第一节　盘　饰

一、盘饰艺术

盘饰即菜肴围边，指利用各种手段对菜肴进行装饰以提升菜肴的审美价值。常见的菜肴装饰手段是将饰物围放在菜肴四周、中间或铺撒在菜肴之上，用象形、异型盘盛装菜肴等。因离不开盘子（器皿），所以统称为盘饰。用于盘饰的饰物，其最基本的要求是可以吃的原料或干脆就是一种菜肴、面点或佐餐汁酱，且必须符合卫生要求。菜靓，再加上恰到好处的装点，能让菜肴上一个台阶。

盘饰艺术最远可以追溯到陶器时代。陶器的花纹、颜色就是为了衬托食物，体现一种档次，甚至可以反映饮食者的身份和地位。当人们脱离了茹毛饮血时代，饮食具有享受成分时，盘饰就开始萌芽了。然而，盘饰艺术真正成熟、被发扬光大，甚至成为一种流行艺术，那还只是近十几年的事。这既是中国烹饪发展到今天，达到全新高度的一个佐证，也是人民生活水平日益提高的具体表现。

图 7-1

二、盘饰的种类

传统的盘饰也就是围边，一般都采用果蔬作为原料。随着改革开放西餐引进我国，西餐的盘饰与中餐的围边的结合，衍生出了新的盘饰类型与做法。分子料理、果酱、糖艺、果蔬、巧克力等都相继融入到盘饰中。如今盘饰大体可分为以下八种：

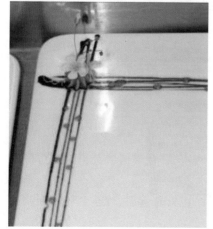

图 7-2

（一）调料果酱盘饰（见图7-2）

调料果酱盘饰主要采用各种果酱，利用裱花袋在盘子上面甩画出具有一定造型的抽象线条。

果酱类原料主要有巧克力酱、各种颜色的果酱、黑醋汁、盐、彩色糖果等。其价值评析：

（1）果酱颜色鲜明，甩出的线条流畅美观。

（2）成品有各式果酱的芳香，甩出的线条光亮透明，既抽象又有韵律。

图7-3

（二）水果盘饰（见图7-3）

水果盘饰主要是利用各种可食用水果进行简单的切配和雕刻，摆出不同造型的围边的一种方式。

水果类原料主要有石榴、苹果、橘子、香蕉、草莓、哈密瓜、樱桃、猕猴桃、橙子、柠檬、葡萄、芒果、荔枝、菠萝、西瓜、红毛丹等。其价值评析：

（1）水果切配简单，既能促进食欲，又能食用。

（2）利用瓜果的皮进行切、划、折、卷，使其造型变得更加有抽象感，达到艺术效果。

（3）成品有水果的芳香，色泽鲜艳，盘饰的艺术感，给人以美的享受。

（三）蔬菜香料类盘饰（见图7-4）

蔬菜香料类盘饰主要是利用一些可食用的蔬菜，如瓜类、蔬菜类、根茎类、叶类等通过造型美化菜盘，提升菜名档次。盘饰的蔬菜原料有以下几下几类：

瓜果原料：冬瓜、南瓜等。

蔬菜类原料：黄瓜、番茄、青红椒、蒜薹、西兰花、毛豆和一些微型蔬菜等。

根茎类原料：地瓜、藕、芋头、胡萝卜、白萝卜、青萝卜、大葱、土豆等。

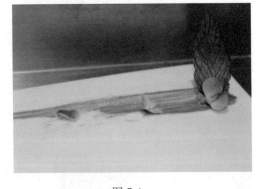

图7-4

叶类原料：香芹、芹菜、荷兰芹等。

香料原料：八角、桂皮、迷迭香、薄荷叶等。

其价值评析：

（1）蔬菜多为绿色，新鲜而有生机。

（2）可根据不同原料、形状及其特点采用切、扣、雕等手法，在结合果酱或花草等装饰手段进行合理的造型与颜色搭配，达到所需要的效果。

（3）利用可食性的多种原料作为盘饰的插件制作，蔬菜原料具有选料广泛，使用方便快捷实用性强，且不浪费等特点。

（四）器皿盘饰（见图7-5）

器皿盘饰主要是利用各种形态各异、造型别致的小器皿，如弯曲的小调羹，高脚杯、玻璃管等，再与其他方法相结合的一种造型方式。

器皿类原料主要有小调羹、高脚杯、玻璃管、白酒杯、玻璃碗、竹网、竹篓等。其价值评析：

（1）器皿操作简单，效果明显，实用性强，清洗消毒后可以重复使用。

（2）与其他方法结合，菜肴作品既美观又大方，更能体现菜肴与器皿的融合，给人以美的享受。

图7-5

图7-6

（五）鲜花盘饰（见图7-6）

鲜花盘饰主要是利用各种小型的鲜花和叶茎以插花摆放的一种造型方式。

可用于盘饰的花卉类原料主要有玫瑰花、菊花、百合、睡莲、蝴蝶兰、康乃馨、洋兰、夜来香、非洲菊、情人草等；叶茎类原料主要有天门冬、蓬莱松、富贵竹、剑叶、巴西叶、灯草、散尾葵等。其价值评析：

（1）鲜花做盘饰具有操作方便的特点，与果蔬结合有增添艺术浪漫之感，给人们喜悦、温馨的感觉。

（2）成品随时用、随时摆，可以省略切配等程序。

（六）糖艺巧克力盘饰（见图7-7）

糖艺巧克力盘饰将糖艺和巧克力做成造型各异的小花草、小动物，或利用拉丝枪、冰块等不同的手段制成形状各异的作品的一种造型方式。

糖艺类原料主要有食用色素、法国拉丝糖、艾素糖、黑巧克力、白巧克力等。其价值评析：

（1）糖艺巧克力在盘饰应用上主要以颜色点缀菜肴，给人以简练、高雅之感，又能即时进行花草或卡通造型的表现。

（2）成品高雅、干净、亮丽、富有食欲之感。

图7-7

图 7-8

（七）分子盘饰（见图 7-8）

分子盘饰主要是以分子料理为基础，做一些胶囊类、泡沫类、果泥类、鱼子类、低温类等可食用性材料，再与器皿或其他盘饰所结合的一种造型方式。

分子料理的原料及设备主要有烟熏枪、低温烘干机、搅拌器、开蛋器、橙汁、海藻胶、卵磷脂、电子秤、鱼子生成器等。其价值评析：

（1）分子料理在盘饰应用上给人以视觉的冲击，让人耳目一新，与其他方法结合使成品显得高雅、亮丽。

（2）分子料理是当今最流行的烹饪方法，利用现代化的仪器和设备改变食物的物理化学性状，外形神奇、效果独特。

（八）烘焙面艺盘饰（见图 7-9）

主要是将烘焙的西点和面点类的做成不同造型的小点心、盛器造型，结合花草等盘饰方便的一种造型方式。

烘焙面艺原料模具：春卷皮、意大利面、龙须面、面粉、锥形磨具、圆形磨具等。其价值评析：

（1）烘焙面艺在盘饰应用上起衬托作用，各式的小点心即可观赏，又可食用，增加顾客的食欲感。

（2）烘焙以手指小饼干、塑型小点心的小巧形态和可人的颜色来装饰盘面，给人以简练、高雅之感。

图 7-9

第二节　盘饰工具

随着厨师国际化的交往，纷纷引进国外的一些先进的设备和器具，从而使盘饰及烹调的器具更加多样化。

一、微型调匙称（见图 7-10，图 7-11）

图 7-10

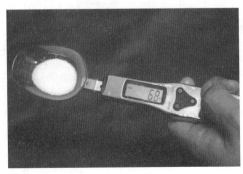

图 7-11

能显示匙内调料的重量,方便携带。

二、微型电子秤(见图 7-12,图 7-13)

可以精确的称出少量原料的重量。

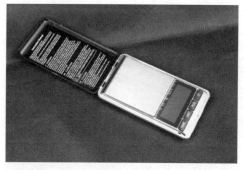

图 7-12

图 7-13

三、低速电钻(见图 7-14,图 7-15)

制作拉丝糖圈的专用工具。

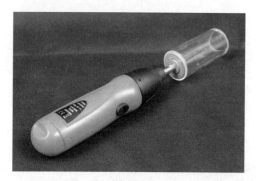

图 7-14

图 7-15

四、红外测温仪(见图 7-16,图 7-17)

可以不接触物体,利用红外线测得物体的表面温度。

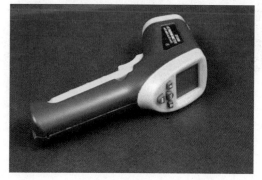

图 7-16

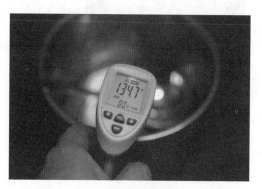

图 7-17

五、法国开蛋器(见图 7-18,图 7-19)

可以将鸡蛋完美地切开。

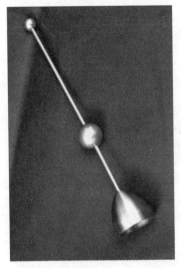

图 7-18

图 7-19

六、低温烘干机(见图 7-20,图 7-21)

利用低温烘烤使原料色泽更好地保存下来。

图 7-20

图 7-21

七、烟熏枪(见图 7-22,图 7-23)

制作烟熏菜肴的必备工具。

图 7-22

图 7-23

八、剥皮刀(见图 **7-24**,图 **7-25**)

可以去除果蔬的外皮或剥成长丝状。

图 7-24

图 7-25

九、刨丝刀(见图 **7-26**,图 **7-27**)

锋利的刨丝专用刀。

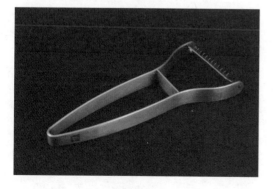

图 7-26

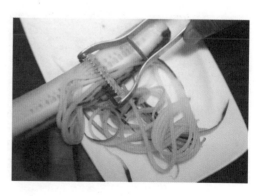

图 7-27

十、拉网刀(见图 7-28,图 7-29)

用于拉切面皮等原料,一刀下去便可呈网状。

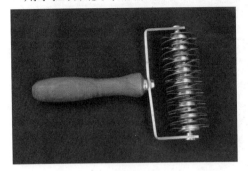

图 7-28

图 7-29

十一、喷火枪(见图 7-30,图 7-31)

制作糖艺和焦糖类的工具。

图 7-30

图 7-31

十二、球形量勺(见图 7-32,图 7-33)

可测量 1.25～15 毫克的测量勺。

图 7-32

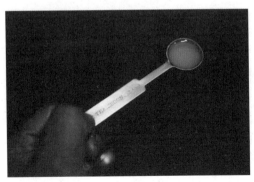

图 7-33

十三、花型模具(见图7-34,图7-35)

制作烘焙制品的套模和制作蔬菜压花等。

图 7-34

图 7-35

十四、多彩水晶魔幻灯(见图7-36,图7-37)

放于冰块中装饰。

图 7-34

图 7-35

十五、锥形模具(见图7-38,图7-39)

制作脆皮手卷的模具。

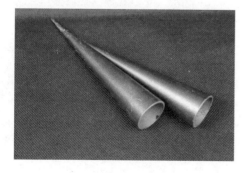

图 7-38

图 7-39

第八章 盘饰制作实例

本章选取了 10 个实例,从原料工具和制作步骤等方面介绍了盘饰的制作,每个实例且附上了图片,使人一目了然。读后,有助于提高制作技能。

实例一 两小无猜/Innocence of childhood friends(见图 8-1)

原料:情人草、樱桃番茄、蓬莱松、青豆、京葱、野玫瑰、土豆泥

工具:雕刻刀、筷子、镊子

制作步骤

(1) 小番茄一边切下一片椭圆形的片,用雕刻刀抠出一个 V 字做兔子的耳朵,在前端斜开一刀,插入耳朵即可(见图 8-2,图 8-3,图 8-4,图 8-5)。

图 8-1

图 8-2

图 8-3

图 8-4

（2）将京葱斜向切开，取 8 厘米左右的段，用筷子从底部捅入取出芯子，选 2 片茎叶，用土豆泥固定在盘子上（见图 8-6，图 8-7，图 8-8）。

图 8-5

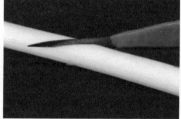

图 8-6

图 8-7

（3）用剪刀剪下蓬莱松做点缀，用镊子取下花瓣装饰（见图 8-9，图 8-10）。

图 8-8

图 8-9

图 8-10

实例二　水晶橙片/Crystal Orange Slices（见图 8-11）

原料:情人草、黄瓜、杨兰、甜橙、白糖

工具:片刀、低温烘干机、电磁炉、水锅

制作步骤

（1）将甜橙用片刀切成 2 毫米厚的片,然后用糖水煮沸浸泡 5 分钟,捞出用吸水纸把水分吸干（见图 8-12,图 8-13,图 8-14,图 8-15）。

图8-11

图8-12

图8-13

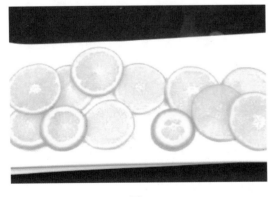

图 8-14

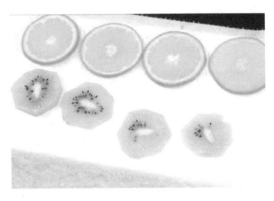

图 8-15

（2）把吸干的橙片放到低温烘干机中,在 50℃的温度下烘烤 8 小时（见图 8-16,图 8-17）。

（3）在黄瓜上开一条缝,把水晶橙片插入,再用杨兰花和情人草点缀即可。（烘好的猕猴桃也可以做装饰）

图 8-16

图 8-17

实例三 金手指/Goldfinger(见图 8-18)

图 8-18

原料:粉玫瑰、春卷皮、蓬莱松、蔷薇、康乃馨、土豆泥、大豆油

工具:锥形模具、油锅、电磁炉(见图 8-19)

制作步骤

(1) 春卷皮用锥形模具卷紧,用面粉沾粘接口的边缘,用剪刀剪去多余的部分(见图 8-20)。

图 8-19

图 8-20

（2）锅内油温烧至150℃，将春卷皮放入锅内，炸制到黄色捞出，沥干油分，取出锥形模具（见图8-21）。

（3）取土豆泥打底，把春卷皮肃立在盘子边缘，用镊子取下粉玫瑰的花瓣点缀（见图8-22）。

（4）蔷薇插入土豆泥中，在做好的金手指边上放上蓬莱松做装饰即可。

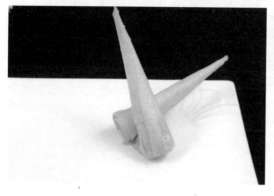

图 8-21

图 8-22

实例四　兰花心语/Orchid heart says(见图 8-23)

图 8-23

原料:苦叶生菜、樱桃小番茄、贡橘、蓬莱松、蒜苔。

工具:雕刻刀、剪刀。

制作步骤

(1) 用雕刻刀在小番茄上切成六等分,外皮切断(不要切到里面的心),扒开表皮做成小兰花(见图 8-24,图 8-25)。

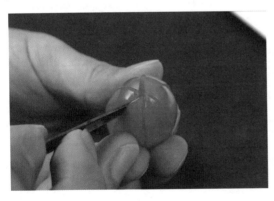

图 8-24

图 8-25

(2) 蒜苔划成条状,苦叶生菜取中间芯子,在贡橘中间一片瓤中心划一刀,将生菜插入贡橘(见图 8-26)。

(3) 将小番茄按大中小排放,旁边以生菜、贡橘、蒜苔做装饰即可(见图 8-27)。

图 8-26

图 8-27

实例五　黄瓜花/Cucumber Flower(见图 8-28)

图 8-28

原料:黄瓜、莲藕、康乃馨、蓬莱松、野菊、雏菊。

工具:雕刻刀、镊子。

制作步骤

(1) 黄瓜取带蒂的一段,将黄瓜切成六等分雕出花瓣,放水中浸泡使黄瓜皮卷翘(见图 8-29,图 8-30,图 8-31)。

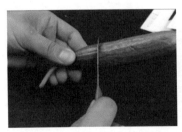

图 8-29　　　　　　　图 8-30　　　　　　　图 8-31

(2) 取莲藕段,削成底座,用牙签将黄瓜花插到底座上(见图 8-32)。

(3) 取康乃馨的叶片垫底,取叶瓣装饰。

(4) 分别取野菊与雏菊插在底座上,在空隙处点缀蓬莱松即可(见图 8-33)。

图 8-32

图 8-33

实例六　杨兰物语/Yang Lan taie(见图 8-34)

原料:野菊、蓬莱松、康乃馨、荷兰芹、杨兰花、蒜苔、面团。

图 8-34

工具:雕刻刀。

制作步骤

(1) 用雕刻刀在蒜苔的中心位置开一条缝,然后将蒜苔穿成一个圈状(见图 8-35,图 8-36)。

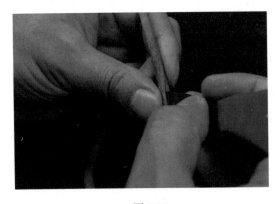

图 8-35

图 8-36

(2) 将杨兰花切去花蒂部分,蒜苔与花体连接,用面团将前端与后端固定(见图 8-37)。

(3) 用蓬莱松和荷兰芹把面团部位遮盖,再用野菊与康乃馨花瓣进行装饰即可(见图 8-38)。

图 8-37

图 8-38

实例七　花篮/A Basket of Flowers(见图 8-39)

图 8-39

原料:红椒、蕨叶、勿忘我、野菊、蔷薇、橙片、苦叶生菜、蓬莱松、蒜苔。

工具:雕刻刀。

制作步骤

(1) 在红椒表面用雕刻刀,雕出锯齿形的切口,然后将红椒沿锯齿分开,选用带把的前端,再用雕刻刀把锯齿皮肉一分为二,用冷水浸泡半小时,使表皮向外翻转,果肉向内翻转(见图 8-40,图 8-41,图 8-42)。

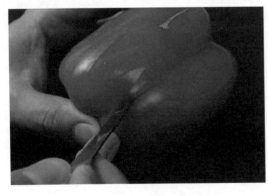

图 8-40

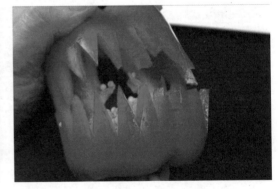

图 8-41

(2) 将蒜苔用雕刻刀斜片出花纹,也用水浸泡,然后将其做成花篮的篮提(见图 8-43)。

(3) 用橙片作为花篮的背景,蕨叶及其他小花作为装饰即可(见图 8-44)。

图 8-42

图 8-43

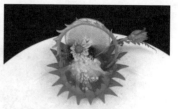

图 8-44

实例八　一往情深/B Passionately Devoted(见图 8-45)

图 8-45

原料:南瓜、康乃馨、苦叶生菜、荷兰芹、情人草。

工具:雕刻刀、U 型刀。

制作步骤

(1) 将南瓜切成 1 厘米左右的薄片,然后用 U 型刀在南瓜片均匀排列打孔(见图 8-46,图 8-47,图 8-48)。

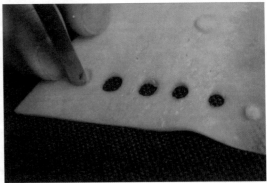

图 8-46　　　　　　　　　　　　　　　　图 8-47

(2) 将南瓜网卷成筒状,再用牙签固定(见图 8-49,图 8-50)。

(3) 分别将康乃馨叶、情人草等花草摆放装饰即可。

图 8-48

图 8-49

图 8-50

实例九　乘风破浪/Plough through(见图 8-51)

图 8-51

图 8-52

原料:龙须面、海苔、樱桃番茄、蕨叶、青豆、野菊、野玫瑰。

工具:油锅、电磁炉、雕刻刀(见图 8-52)。

制作步骤

(1)用海苔将一小股面条两头绑好,再将油温烧制 150℃,用筷子夹住两头,炸制金黄色备用(见图 8-53,图 8-54)。

(2)将樱桃番茄切成两半打底,称在面船旁边,用蕨叶斜着插在小番茄上(见图 8-55,图 8-56)。

(3)分别将玫瑰花瓣和青豆放到面船上,再将野菊插到小番茄上即可(见图 8-57)。

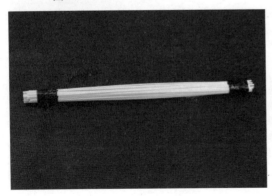

图 8-53

图 8-54

图 8-55

图 8-56

图 8-57

实例十　花前月下/The Fofo Shop(见图 8-58)

图 8-58

原料:野菊、土豆泥、康乃馨、情人草、荷兰芹、意大利面、樱桃番茄、生粉。

工具:雕刻刀、油锅、电磁炉。

制作步骤

(1) 将意大利面下软后裹上生粉排列整齐;再将其卷与不锈钢圈上,接口处用水或蛋液粘连,切去多余部分(见图 8-59,图 8-60,图 8-61)。

图 8-59　　　　　　　　图 8-60　　　　　　　　图 8-61

(2) 用电磁炉将油温烧制 150℃,将面圈炸成金黄色(见图 8-62,8-63)。

(3) 将面圈用土豆泥固定,再分别将樱桃小番茄做的小兔子和其他花草作为装饰、点缀即可(见图 8-64)。

图 8-62

图 8-63

图 8-64

附　盘饰作品欣赏

一、水晶糖球/Crystai drops(见图 8-65)

用法国拉丝糖为原料,将糖加热到190℃,再等其降温至120℃时拉成细丝,缠绕在吹气的气球上,待冷却后将气球放气,撒上花瓣即可。

图 8-65

二、情有独钟/Have eyes only for Show speciai Preferenece to(见图 8-66)

杏鲍菇切片,用120℃的油温炸干水分成金黄色,用黄瓜做底座将其固定,配以花草和黑醋汁点缀。

三、三剑客/The Three Musketeers(见图 8-67)

将樱桃番茄切一小口,把瓤掏出,插入苦苣和花瓣即可。

四、一线牵/First-line led(见图 8-68)

将蒜苔用雕刻刀斜刀入肉一半,用冰水浸泡半小时,再用花瓣装饰。

五、玫瑰金丝/Rose gold(见图 8-69)

将红薯切成细丝,清水漂去糖分,用120℃油温炸成红薯松,用花瓣点缀。

六、情窦初开/Novae Plus(见图 8-70)

有时盘饰不一定要很复杂,简单也是一种美。

图 8-67

图 8-68

图 8-66

图 8-69

图 8-70

七、高高在上/High above(见图 8-71)

配合不同的菜品让盘饰富有立体感和色彩的反差。

八、飘洒/drift(见图 8-72)

用巧克力酱拉出线条,加小花瓣和青豆做点缀。

图 8-71

图 8-72

九、篱笆墙/Wattled Wall(见图 8-73)

不同的原料摆放在一起,做出不一样的效果。

十、迎客松/(见图 8-74)

用面粉揉入蔬菜汁,擀成面皮,再用拉网刀拉出网状,卷与擀面杖上,用 150℃油炸定型,配上蓬莱松花草等装饰。

十一、红心黄瓜/The hearts of cucumber(见图 8-75)

将黄瓜用 U 型刀挖去籽,用整个樱桃番茄塞入黄瓜内,一切为二,再将黄瓜修去 3 个边。

十二、嫩芽/Tender Shoot(见图 8-76)

选用新鲜的豆芽以樱桃番茄做底座,再配以其他花草做成别致的造型。

图 8-73

十三、一柱擎天/One Pillar to Prop up the Sky(见图 8-77)

春卷皮用锥形模具油炸成锥形,再用小辣椒等作为点缀。

图 8-74

图 8-75

图 8-76

图 8-77